AF331492

NOUVEAU SYSTÈME

DE CULTURE,

SANS FUMIER,

NI CHAUX, NI JACHÈRE D'ÉTÉ,

PRATIQUÉ A LA FERME DE KNOWLE, DANS LE COMTÉ DE SUSSEX, PAR LE MAJOR-GÉNÉRAL ALEXANDRE BEATSON ;

Traduit de l'anglais, par M. CAVOLEAU, de la Société royale et centrale d'Agriculture, de la Société philomatique de Paris, etc.

A PARIS,

Chez Mme HUZARD (née Vallat la Chapelle), Libraire,
Rue de l'Éperon, n° 7.

1827.

(Extrait des *Annales de l'Agriculture française*,
2ᵉ. Série, tomes XXXVI et XXXVII.)

TABLE.

MESURES ANGLAISES

COMPARÉES AVEC LES MESURES FRANÇAISES.

Mesures de longueur

MESURES ANGLAISES.	pieds	pouces	lignes	MESURES FRANÇAISES. (pieds)	pouc.	lignes	mètres
Le Pied......... vaut	0	12	0	0	11	$3\frac{11}{95}$	0, 3048
Yard.............	3	0	0	2	9	9	0, 914
Fathom...........	6	0	0	5	7	7	1, 829
Perch ou Rod......	16	6	0	15	5	9	5, 029
Mille.............	5280	0	0	4956	0	0	1610, 000

Mesures de surface

	pieds carrés			pieds carrés			ares
Acre.............	43560	0	0	38340	0	0	40 $\frac{457}{1000}$

Mesures de capacité

	pieds cubes.	pouces cubes.	pieds cubes.	pouces cubes.	hectol.	décal.	litres	décil.	cent.	mill.
Bushel.	1	450	1	$71\frac{1}{4}$	0	3	5,	6	9	
8 Bushels 1 Quarter .	10	144	8	570	2	8	5,	5	2	
Pint (1)...........	0	$28\frac{7}{8}$	0	$23\frac{17}{1040}$			0,	4	7	3
8 Pints 1 Gallon.....	0	231	0	$190\frac{4}{5}$			3,	7	8	4
Tun..............	33	1188	27	1424	9	5	3,	5	6	

Mesures de poids

	livres	onces	grains	livres	onces	gros	grains	kilog.	hectog.	décag.	gram.	décig.	cent.
Livre.............	0	16	0	0	14	5	51	0	4	5	0,	1	5
28 Livres 1 Quarter...													
4 Quarters 1 Hundred ou Quintal.....	112	0	0										
20 Hundreds 1 Tun...	2240	0	0										

(1) 2 Pints font un *Quart*, qu'il ne faut pas confondre avec le *Quarter*.

AVERTISSEMENT.

Beaucoup de cultivateurs demandent par quel moyen on peut remédier au manque de fumier, quand on veut mettre en culture une étendue de terre supérieure à celle que le permet la quantité d'engrais qu'on a à sa disposition.

Les expériences du major-général *Beatson*, faites sur une grande échelle, ont donné des résultats si avantageux, si étonnans même sous ce rapport, sur des terres fortes, froides, éminemment argileuses, qu'il nous a semblé que beaucoup de cultivateurs placés dans les mêmes circons-

tances seraient curieux de les connaître :
c'est cette persuasion qui nous a engagé
à extraire des *Annales de l'Agriculture
française,* et à publier à part la traduction de son mémoire. L'éloignement de
M. *Cavoleau* n'ayant pas permis de faire
à cette publication toutes les améliorations et les corrections même dont elle
est susceptible, nous avons mis seulement, dans les endroits les plus importans et à côté des mesures et monnaies
anglaises, les réductions de celles-ci en
mesures et monnaies françaises. Pour les
endroits où nous n'avons pas fait cette réduction, nous avons cru devoir ajouter le
tableau de comparaison qui précède cet
Avertissement.

La valeur de la livre sterling variant
un peu par rapport à la valeur de l'argent
en France, nous l'avons toujours calculée,

pour rendre les comptes et comparaisons plus faciles, à raison de 24 francs. Nous avons toujours également compté le shilling pour 1 franc 20 centimes, et le pence pour 10 centimes. Nous ferons observer que cette valeur étant ordinairement supérieure, les cultures anglaises deviennent ainsi, dans la traduction, un peu moins chères qu'elles ne le sont réellement ; ce qui ajoute encore une légère faveur à la nouvelle culture proposée par le major *Beatson.*

Dans le cours du Mémoire, il sera question plusieurs fois de l'action de *brûler le sol.* Nous avertissons ici que ce n'est pas l'écobuer, comme on fait dans quelques parties de la France, mais seulement ratisser la surface, pour ramasser toutes les plantes et toutes les mottes que le râteau rencontre ; ce qui est bien diffé-

rent, et est loin d'avoir les mêmes inconvéniens que l'écobuage. C'est ainsi qu'il
faudra entendre presque toujours le mot
écobuer employé dans la traduction du
Mémoire.

NOUVEAU SYSTÈME

DE CULTURE,

SANS CHAUX, NI FUMIER, NI JACHÈRE D'ÉTÉ,

PRATIQUÉ A LA FERME DE KNOWLE,

Dans le comté de Sussex,

PAR LE MAJOR GÉNÉRAL ALEX^{dre}. BEATSON.

De petites opérations continuées sans interruption surmontent, avec le temps, les plus grandes difficultés. Les montagnes sont aplanies ; des digues sont opposées à l'Océan par les mains d'un être aussi faible que l'homme.

Docteur JOHNSON.

Il est même quelques cultivateurs qui sèment leurs raves, leur sarrasin, leur vesce et autres grains, dont les produits remplacent les jachères, sur de simples binages, ou même hersages, et qui obtiennent de suffisamment belles récoltes.

Enfin l'agriculture de France, comme celle de tous les pays du monde, ne sera réellement arrivée à son plus haut point de perfection, que lorsque, *avec le moins de dépense possible*, on parviendra à obtenir, dans une même année, la plus forte masse de produits utiles, en ne laissant jamais la terre nue que dans quelques cas rares et forcés.

Nouveau Cours d'Agriculture.

L'ON a souvent regretté que l'attention de la législature ne se fût pas portée, plus efficacement qu'elle ne l'a fait, sur l'agriculture, art qui a toujours été considéré comme le plus important et le plus nécessaire, comme la base la plus sûre de la richesse publique et de la prospérité nationale, sans lequel aucune nation ne peut être florissante, ni ne peut même exister.

Les progrès de cet art ont été très-lents, et il est encore loin de sa perfection. Il faut attribuer cette lenteur aux erreurs qui se sont transmises d'âge en âge pendant plusieurs siècles, et qui sont encore profondément enracinées. S'il eût été possible de les détruire, et d'appliquer des remèdes convenables au mal qu'elles ont produit ; si les fermiers eussent été bien dirigés dans la route qui doit conduire à la perfection de leur art, l'Angleterre serait devenue beaucoup plus florissante ; elle aurait peu souffert de ces circonstances et de ces événemens inévitables, qui ont eu la plus funeste influence sur son agriculture.

La situation des cultivateurs mérite la plus sérieuse attention. Leur détresse actuelle est généralement attribuée aux impôts excessifs dont la nation est chargée, à l'élévation des fermages, à une trop abondante émission de papier, au passage de l'état de guerre à l'état de paix ; mais indépendamment de ces causes, l'on va voir que la plus ruineuse est la variation excessive des prix ; variation qui pèse sur eux plus que toutes les autres causes réunies.

En 1793, les taxes montaient à seize millions sterling (1) (trois cent soixante-quinze millions sept cent quarante mille francs); en 1804, à trente-quatre millions (huit cent quarante millions huit cent vingt mille francs); en 1814, à soixante millions (un milliard quatre cent quatre-vingt-trois mille huit cent mille francs).

En 1793, le prix du froment était de quarante-huit shillings le *quarter* (2); en 1804, de quatre-vingt-trois; en 1814, de cent un.

En supposant qu'une population de dix millions d'individus ait consommé le même nombre de *quarters* produits par le sol de l'Angleterre, sa valeur, payée pour le froment seulement, a été de vingt-quatre millions sterling en 1793; de quarante et un millions cinq cent mille en 1804; de cinquante millions cinq cent mille en 1814: d'où il résulte que la même étendue de terre, qui a produit une valeur de vingt-quatre mil-

---

(1) La *livre sterling* est de 24 fr. 73 c., monnaie de France, et le *schilling* de 1 fr. 23 c. et $\frac{60}{100}$; il en faut vingt pour la livre.

(2) Le *quarter* est le quart du *tonneau*, dont le poids est de 1,015 $\frac{1}{4}$ kilogrammes.

lions sterling en 1793, en a produit une de cinquante millions cinq cent mille en 1814. La différence est de vingt-six millions cinq cent mille ; et de quelque manière qu'on l'envisage, il est évident que c'est une taxe additionnelle payée par les consommateurs aux propriétaires et aux fermiers, pour ce seul article des produits du sol. Mais comme l'orge s'est élevée de vingt–huit à cinquante shillings, l'avoine de dix-neuf à trente-trois, et tous les autres articles à-peu-près dans la même proportion, nous n'exagérerons pas en disant que les produits de la terre consommés en 1814 ont été payés trente-cinq millions de plus qu'en 1793. Ajoutons à cela quarante-quatre millions de taxes additionnelles, nous trouverons que la nation a payé, en 1814, soixante-dix-neuf millions livres sterling (un milliard neuf cent cinquante-trois millions six cent soixante-dix mille) de plus qu'en 1793.

Il est vrai que les taxes additionnelles sont principalement supportées par les classes les plus élevées ; mais l'augmentation de vingt-six millions sterling sur la valeur du froment, quoique également répartie, a dû peser d'une manière cruelle sur les classes laborieuses. Il serait en effet facile de démontrer qu'un pauvre ouvrier, avec une femme et deux enfans, a dû dépenser, pour ce seul article, de quarante à soixante pour cent de son revenu ; tandis que le possesseur d'un revenu de deux mille quatre cents livres sterling, avec une famille de vingt individus, consommant vingt *quarters* de froment, n'a dépensé en 1793 que le cinquantième et en 1814 que le vingt-quatrième de son revenu. L'on voit donc combien il est important et nécessaire, pour le bonheur de la classe laborieuse, que le principal article de sa nourriture, le froment, lui soit fourni au plus bas prix possible. En 1815, il a été démontré, devant la Chambre des Communes, que si le prix du froment baissait, toutes les autres dépenses baisseraient en proportion.

La véritable cause de la détresse actuelle doit donc être attribuée à la valeur peu naturelle à laquelle la terre s'est élevée pendant une longue période de guerre, valeur occasionnée par des demandes extraordinaires de pain de froment, dont le prix a encore été augmenté par les disettes de 1800, 1801, 1810, 1811 et 1812. Ce sont toutes ces circonstances réunies qui ont porté le prix du froment de quarante-huit à cent un shillings par *quarter*.

Un grand nombre de domaines ont été vendus ou affermés en raison des plus hauts prix.

Maintenant que ces prix sont tombés sans que les fermages aient diminué, il n'est pas étonnant que la situation des cultivateurs soit empirée, et il est évident que leur détresse deviendra d'autant plus pénible, que la diminution des prix augmentera davantage, à moins que, par de nouveaux systèmes de culture, l'on ne parvienne à éloigner des maux dont les cultivateurs ont de trop justes raisons de se plaindre.

L'auteur de cet opuscule a essayé de démontrer qu'un pareil système est praticable, et qu'il peut être exécuté sans aucun inconvénient, au moyen de quelques changemens dans la manière de cultiver la terre, et d'une sévère économie dans les opérations de la culture.

Il y a plus de douze ans qu'il a porté toute son attention sur les branches les plus importantes de l'économie rurale. Le résultat de sa pratique fut soumis, il y a quelque temps, à l'examen du Bureau d'agriculture, qui désira qu'il lui fît un rapport sur ses procédés de culture. Ayant travaillé pendant quelque temps à remplir cette tâche, il s'aperçut qu'un exposé tout nu des faits et des opérations mécaniques serait peu intéressant et peu utile, s'il n'était accompagné de quelques explications du développement des principes sur lesquels ils sont fondés, et d'une indication des applications que l'on en peut faire. L'expérience lui avait appris en outre que la publication des communications et des rapports faits au Bureau d'agriculture, est resserrée dans des limites très-étroites. A mesure qu'il avançait dans son travail, il s'aperçut que son sujet acquérait insensiblement plus d'importance ; il se décida donc à changer son plan, et à soumettre au jugement du public le fruit de ses travaux et de son expérience, convaincu que parmi les objets qui font la matière de ce traité, quelques-uns seront dignes de fixer l'attention, pourront concourir aux progrès de l'agriculture, et seront d'un intérêt général pour la nation. Ainsi, tout en remplissant la promesse qu'il a faite au Bureau d'agriculture, il aura la satisfaction d'acquitter la dette d'un bon citoyen envers son pays, en essayant, autant que ses moyens peuvent le lui permettre, de contribuer au bien public.

CHAPITRE PREMIER.

Sur l'engrais des terres.

Nous lisons dans le rapport du Comité de la Chambre des Communes chargé de faire une enquête sur le commerce du blé dans les Royaumes-unis , imprimé le 11 mai 1813 , que, dans la Grande - Bretagne , les terres actuellement cultivées peuvent devenir beaucoup plus productives, et qu'elles peuvent fournir, au-delà de ce qu'elles produisent maintenant , une quantité de blé suffisante pour dispenser de recourir aux nations étrangères.

Il résulte donc de cette enquête , très-longue et très-détaillée, que, par la propagation d'un système de culture plus parfait , la partie du sol anglais actuellement cultivée peut produire assez de blé pour nourrir toute la population. Il ne paraît pas cependant qu'à la suite de cette importante découverte , l'on ait pris aucune mesure pour faire connaître et propager la méthode de culture qui devait produire de si heureux effets. Les cultivateurs , ainsi abandonnés à eux-mêmes , continueront donc à suivre leurs anciennes et dispendieuses pratiques , dont la plupart, c'est un fait bien connu , sont aussi nuisibles aux intérêts du Gouvernement qu'à ceux de la nation ; car c'est sur le revenu public et sur la consommation , non sur le propriétaire et le fermier , que retombent en définitive les dépenses inutiles de la culture. Le propriétaire et le fermier se dédommagent , l'un en élevant le prix du fermage, et l'autre, en élevant celui du blé; mais il n'y a point de remède pour le consommateur; il faut absolument qu'il paye le prix que le cultivateur lui demande, et ce prix sera toujours proportionné aux frais de culture.

Il résulte de ce fait évident que le meilleur, et peut-être le seul moyen d'exciter l'émulation des fermiers, ou d'encourager dans tout le royaume la propagation d'un système de culture plus parfait, serait de démontrer par l'expérience que les dépenses de la culture, qui sont le régulateur du prix des fermages et de celui des grains, peuvent être réduites bien au-dessous de ce qu'elles sont maintenant. Çet heureux résultat pourrait être obtenu, sans aucune dépense de la part de la nation, si, dans les comtés où l'agriculture n'a éprouvé aucun changement depuis plusieurs siècles, quelques propriétaires ou quelques fermiers intelligens voulaient se donner la peine de faire publiquement et sur une échelle médiocrement étendue des expériences comparatives sur le mode de culture le plus économique et en même temps le plus profitable. De tels exemples seraient plus utiles pour l'amélioration de l'agriculture, que tous les nombreux volumes qui sont sortis de nos presses. Si ce mode d'instruction eût été adopté immédiatement après le rapport du Comité, la position de notre pays aurait pu devenir bien différente de ce qu'elle est aujourd'hui. La détresse de l'agriculture aurait pu être soulagée ; peut-être ne serions-nous plus obligés de recourir aux étrangers pour nous nourrir ; peut-être les produits de notre sol, particulièrement le froment, se vendraient-ils à des prix moins élevés, sans perte pour le propriétaire ou pour le fermier.

Notre dépendance des marchés étrangers, il est affligeant de le dire, augmente rapidement. En 1816, la valeur des grains et farines importés fut de neuf cent quarante-deux mille quatre cent quatre-vingt-dix-sept liv. sterling. En 1817, elle a été de six millions quatre cent trois mille huit cent quatre-vingt-treize livres sterling ; et en 1818, de dix millions trois cent huit mille cent quarante livres sterling. Si ces sommes avaient pu être versées dans la bourse de nos fermiers, et je crois qu'il était physiquement possible qu'elles le fussent, personne n'aurait plus lieu de se plaindre ; le Parlement ne serait plus importuné de pétitions sur la détresse de notre agriculture.

L'opinion que j'émets ne s'est pas formée

précipitamment ; elle est au contraire le résultat des plus mûres réflexions sur un grand nombre de faits établis avec la plus grande exactitude, dans un long cours d'expériences, et d'une attention scrupuleuse de toutes les diverses branches de l'économie rurale. J'ai fait de grands efforts pour supprimer beaucoup de dépenses inutiles dans la culture, et l'on peut se former une idée de leur succès, lorsque je m'engage à prouver par des faits incontestables que, par le nouveau système de culture dans lequel je suis maintenant engagé, je suis parvenu à diminuer la dépense de la culture du froment de dix à onze livres sterling par acre. En un mot, chaque acre de froment, compris la rente, les taxes, la semence et les autres charges, ne me coûte pas plus de cinq livres sterling ; tandis que mes voisins, attachés à l'ancienne culture du comté de Sussex, ne dépensent pas moins de quinze ou seize livres sterling.

En exposant un nouveau système de culture, je suis bien persuadé que, malgré les preuves de sa supériorité sur l'ancien, il restera encore beaucoup de doutes sur l'étendue de son utilité. Pour les prévenir ou les dissiper autant qu'il me sera possible, je pense qu'il sera utile de faire connaître quelques-unes des circonstances qui m'ont conduit à adopter cette nouvelle méthode. En suivant cette marche, j'aurai l'occasion de montrer que j'ai procédé avec beaucoup de précaution toutes les fois que je me suis écarté de la pratique commune ; que je n'ai adopté aucun changement, et que je n'en ai fait l'application en grand que lorsque l'expérience m'en a démontré la supériorité.

Il y a un peu plus de douze ans, que j'ai songé la première fois à exploiter une ferme. Je consultai les meilleurs écrivains ; mais je trouvai entre eux tant de contradictions sur presque tous les points les plus essentiels, que je fus bientôt convaincu que l'expérience était le guide le plus sûr pour acquérir des connaissances en agriculture. Les livres sont utiles sans doute pour les progrès de l'art ; mais ils sont bien inférieurs à la pratique pour inculquer dans l'esprit les connaissances usuelles. Bien pénétré de cette opinion, c'est dans mes champs que j'allai, avec confiance, chercher les lumières dont j'avais besoin. J'étais persuadé qu'ils ne pouvaient me tromper. Je reconnus bientôt que l'expérience qui réussissait sur une petite échelle devait également réussir sur une plus grande, parce que, dans l'un et l'autre cas, je trouverais le même sol, le même climat, les mêmes influences de l'atmosphère remplissant leurs diverses fonctions dans les opérations secrètes de la végétation. Je travaillai donc sur ce plan, résolu de ne suivre que les conseils de mon propre jugement, en m'assurant bien des effets, sans me tourmenter à en expliquer les causes.

Je commençai mes expériences en 1807, dans le dessein de déterminer quelques points controversés ; mais elles étaient à peine commencées, que leur progrès fut interrompu par ma nomination au gouvernement de Sainte-Hélène.

J'avais habité cette île pendant quelques mois, et je n'étais pas étranger au mode de culture qui y était pratiqué : je prévis donc que je trouverais un vaste champ pour continuer les recherches que j'avais commencées. Mais pour essayer d'introduire des améliorations dans un pays où l'art de l'agriculture était à-peu-près inconnu, où la terre était labourée par la main des hommes sans le secours des animaux, où les préjugés en faveur des anciennes coutumes étaient fortement enracinés, il est évident qu'il fallait présenter l'exemple de succès incontestables.

Il était donc indispensable de recourir à l'expérience. Des charrues et d'autres instrumens furent fournis par la Cour des directeurs ; la population laborieuse fut augmentée par l'introduction de trois cents Chinois, et après m'être assuré, par une grande variété de petites expériences, de la qualité du sol, un système de culture plus parfait fut établi sous la direction d'un fermier du Norfolk, qui avait une grande expérience. Il se passa beaucoup de temps avant que la généralité des habitans de l'île voulût seulement jeter un coup-d'œil sur ces améliorations ; ils les considéraient comme de pures folies ; ils disaient qu'il était possible qu'elles réussissent en Angleterre, mais que la charrue ne serait jamais d'aucune utilité dans un pays montueux ; que la terre avait bien été cultivée avec la houe par leurs aïeux, et qu'ils ne voyaient pas la nécessité d'employer d'autres instrumens.

Ils s'aperçurent cependant de la facilité avec laquelle des champs très-étendus étaient labourés, de la promptitude avec laquelle ils étaient préparés par la charrue, et des excellentes récoltes de froment et de pommes de terre qu'ils produisaient : ils reconnurent alors la supériorité de la culture anglaise, et plusieurs des principaux habitans ne tardèrent pas à suivre l'exemple qu'ils avaient sous les yeux.

Je suis persuadé qu'il en serait ainsi en Angleterre, si l'on prenait les mêmes peines pour
instruire les fermiers, pour les détourner de
leurs vieilles habitudes, lorsqu'elles blessent
les intérêts des propriétaires, et qu'elles sont
contraires à la prospérité nationale.

Indépendamment des exemples que j'avais
donnés sur l'emploi de la charrue, et la nouvelle culture du froment et de la pomme de
terre, je jugeai qu'il serait utile d'exposer les
principes et de développer les avantages de la
nouvelle culture. Je rédigeai en conséquence
de courtes instructions, qui furent imprimées
dans le *Registre mensuel de Sainte - Hélène*, et
dans lesquelles je donnais le détail des progrès
et des résultats des expériences. Trente-trois de
ces essais furent choisis pour la première partie
des *Mémoires de Sainte-Hélène*, et publiés en
Angleterre, parce qu'il me sembla que plusieurs
expériences que j'avais dirigées avec beaucoup
de soin, n'étaient pas indignes de l'attention
des fermiers anglais. Ce sont particulièrement
celles qui étaient relatives à la culture de la
pomme de terre et de la betterave champêtre;
aux récoltes vertes d'avoine et d'orge pour la
nourriture des chevaux et des bêtes à cornes; aux
moyens de nettoyer les terres des plantes

nuisibles; aux avantages de remuer souvent la terre, etc.

Cinq années d'attention fixée sur ces objets et sur plusieurs autres, relatifs à l'agriculture, ainsi que les succès que j'avais obtenus, me faisaient espérer qu'à mon retour en Angleterre, en 1813, je pourrais employer mes loisirs dans la retraite où je comptais me fixer utilement pour mes plans de culture. Mes vues ne s'étendaient pas plus loin, et je n'imaginais pas alors que la carrière dans laquelle j'allais entrer pût me conduire à aucune découverte digne de fixer l'attention d'un fermier anglais, comme se trouve l'être le plan d'économie que j'ai introduit dans la culture de mes terres, et que je vais développer.

Les expériences, qui m'ont occupé pendant les cinq dernières années, ont été dirigées sur trois points importans, *l'abolition des jachères; l'engrais des terres au meilleur marché possible; leur préparation pour la semence avec le moindre emploi possible de la force des animaux.*

J'excéderais les bornes que je me suis prescrites, si j'entrais dans le détail de toutes mes expériences. Chaque champ de ma ferme a été plus ou moins un théâtre d'essais, où deux ou trois marchaient souvent de front; dans un, entre autres , j'en ai fait séparément cent vingt-huit sur les diverses combinaisons des fumiers, sur les semis en rayons ou à la volée, sur les quantités les plus convenables de fumiers et de semence. Je ferai connaître le résultat de quelques-uns , pour montrer sur quels fondemens j'ai établi mes espérances de succès lorsque j'ai voulu opérer sur un plan plus large.

Mes premières expériences furent faites sur une petite échelle d'un ou deux *rods* (1) carrés. Quoique les comparaisons qu'elles m'offraient fussent suffisantes pour me donner les plus belles espérances, mes voisins les regardaient avec indifférence ; ils semblaient déterminés à ne pas se laisser convaincre qu'un mode de culture différent du leur pût convenir à leurs terres fortes, et lorsque je me hasardai à faire l'application de mes nouveaux procédés sur vingt acres (2) de froment je fus instruit qu'ils regardaient comme des extravagances mes notions sur l'agriculture. Comment est-il possible, disaient-ils, qu'il puisse améliorer notre système de culture, qui a résisté à l'épreuve de

---

(1) La superficie du *rod carré* est de 1210 *yards* anglais carrés ; le *yard* carré est de 9 *pieds* anglais carrés.

(2) La superficie de l'*acre anglaise* est de 4840 *yards* carrés.

plusieurs siècles ? Il est absurde de le tenter ; car si une amélioration était possible, la découverte en eût été faite depuis long-temps.

Les critiques de mes voisins ne me découragèrent pas. De nouveaux procédés se succédèrent jusqu'à ce que la supérioré de tout le système se fût manifestée par une récolte de froment égale en beauté à toutes celles du voisinage, que l'on avait obtenues par une année de jachères et une grande quantité de chaux. Elles avaient aussi coûté bien davantage, car l'on y avait dépensé quinze ou seize livres sterling par acre, lorsque je n'en avais dépensé que cinq. Un succès aussi évident fit taire toutes les critiques, quelques fermiers eurent même la franchise d'avancer qu'ils n'avaient connu la valeur réelle de leurs terres qu'au moment où je leur avais montré une méthode de culture si peu dispendieuse.

Augmenter la valeur de la terre avait été en effet le but principal de tous mes efforts, et j'ai toujours cru que le meilleur moyen de l'atteindre était de diminuer les frais de culture. Il est évident en effet que la valeur de la terre augmente en raison de la diminution des dépenses, et par conséquent chaque opération de culture doit être faite au plus bas prix possible.

L'on suppose généralement que les intérêts du propriétaire et du fermier sont intimement liés ; dans quelques cas cependant, ils paraissent différer beaucoup. Le propriétaire est toujours intéressé à augmenter la valeur de son domaine ; mais cette amélioration n'intéresse nullement le fermier, qui n'y voit qu'un prétexte de la part du premier pour augmenter le fermage.

Lorsqu'un cultivateur prend une ferme avec la charge des taxes de toute nature ajoutée aux grandes dépenses de la culture, il calcule quelle rente il peut payer au propriétaire, et celle-ci est plus ou moins forte selon que les charges sont plus ou moins faibles, de sorte que, dans plusieurs circonstances, la rente ou la valeur de la terre dépend moins de sa bonne qualité que des charges auxquelles elle est soumise, et de la dépense ou de la facilité plus ou moins grande pour lui procurer des engrais. Il est donc indifférent au fermier que les charges soient plus ou moins pesantes, puisque la rente qu'il paie leur est toujours proportionnée. Il n'en est pas ainsi du propriétaire, puisque c'est sur lui, ainsi que sur la nation, que pèsent toutes les dépenses inutiles à la culture. Telle était l'opinion d'*Adam Smith*, lorsqu'il a dit : *Que tout ce qui rabaisse le revenu de la terre au-dessous de la valeur naturelle, diminue d'autant le grand revenu du peuple.*

Si cette assertion est vraie, il s'ensuit que toute mesure qui a pour objet d'élever le revenu de la terre est digne de la plus sérieuse attention, parce que plus elle aura de succès, plus le grand revenu du peuple sera augmenté.

J'ai de fortes raisons de croire que, dans les circonstances actuelles, un grand nombre de fermes ont très-peu de valeur, parce que leur produit est considérablement rabaissé par les causes ci-dessus mentionnées, et que ces fermes deviendraient plus productives et plus profitables par quelques changemens dans le mode de culture. L'on pourrait y opérer de très-grandes améliorations, si, au lieu de cette prodigalité d'engrais et de labours à laquelle on se livre malheureusement trop aujourd'hui, les fermiers cherchaient, par tous les moyens possibles, à tirer de leurs terres la plus grande quantité des meilleures productions sans faire autant de dépense. Nous ne devons jamais perdre de vue ce principe général d'économie dans tous nos efforts pour améliorer nos systèmes d'agriculture ; c'est cependant une chose à laquelle on fait très-peu d'attention dans les districts où l'on conserve un aveugle attachement aux routines, où l'on est persuadé que rien ne peut surpasser les vieilles pratiques ; où une coupable indifférence pour toute méthode nouvelle oppose un obstacle insurmontable à toute espèce d'amélioration.

Dans les districts même où l'on a fait de louables efforts, je pense que l'on peut encore donner plus d'attention à l'économie rurale. Des miracles peuvent, à la vérité, être opérés par de puissans instrumens et l'abondance des engrais, ou, comme dit M. *Wimpey*, des choses étonnantes peuvent être faites par la puissance du travail et de l'argent ; mais nous devons cher-cher ce qui est le plus profitable, ce qui peut être obtenu avec le moindre risque et le moins de dépense, et non pas seulement ce qui est possible.

Tel est le principe sur lequel doivent être jugés tous les nouveaux plans d'amélioration. Tous les articles de dépenses doivent être soigneusement examinés. S'il résulte de cet examen que la différence entre la dépense et le produit, qui constitue le bénéfice du fermier, est plus grande que dans l'ancienne pratique, la nouvelle doit être adoptée sans difficulté, puisquelle est évidemment avantageuse ; mais elle doit être rejetée dans le cas contraire.

Il semblerait que plusieurs de nos pratiques modernes n'ont pas été soumises à cet examen rigoureux, autrement il ne serait pas possible que les remarques suivantes, malheureusement trop applicables au temps présent, eussent été consignées dans un ouvrage aussi recommandable que l'*Encyclopédie britannique*.

« Nous voyons, disent les éditeurs, que, dans le cours d'un demi-siècle, des méthodes ont été imaginées pour arracher les plantes nuisibles, détruire les insectes, économiser de grandes quantités de semence de blé ; pour assortir les plantes cultivées à la nature du sol ; pour l'emploi de nouveaux engrais ; pour la culture de plantes nouvelles, et tout cela, joint à une multitude de nouvelles machines pour mieux exécuter les opérations de l'agriculture, se réduit à-peu-près à rien. Le prix des denrées semble avoir commencé à s'élever avec les améliorations, et va toujours en croissant. » (Voyez l'article *Husbandry*.)

Si tant de personnes recommandables ont échoué dans leurs essais d'amélioration ; si, comme on le reconnaît généralement, l'agriculture a fait réellement peu de progrès, il faut l'attribuer aux causes que j'ai déjà signalées, et particulièrement aux dépenses excessives que font les fermiers opiniâtrément attachés à des pratiques ruineuses, qui devraient être abolies depuis long-temps.

Pour donner une idée des conséquences fâcheuses qui résultent d'une administration trop dispendieuse, et d'un emploi excessif du travail des animaux, je donnerai le détail des procédés de culture pratiqués presque invariablement dans le voisinage de ma ferme. Les terres sont très-fortes et abondantes en argile; elles retiennent l'humidité à la surface, et lorsque la chaleur de l'été les a desséchées, elles sont dures comme de la brique ; elles sont imperméables à la charrue, à moins que l'on n'emploie une grande force d'animaux, sur-tout dans l'usage où l'on est de labourer profondément.

La rotation établie depuis long-temps dans cette partie du comté de Sussex est 1°. jachère et chaux ; 2°. froment ; 3°. avoine ; 4°. trèfle et ray-grass. Il arrive fréquemment qu'on laisse subsister le trèfle et le ray-grass pendant la cinquième année.

Dépenses de culture sur une acre de trèfle préparée pour du froment.

	liv.	sh.	d.		fr.	c
Premier défrichement de trèfle..............	1	»	»	=	24	»
Deuxième labour en mai..	»	17	6	=	21	»
Troisième *id.* en juillet	»	17	6	=	21	»
Quatrième *id.* en septembre ou octobre...	»	17	6	=	21	»
Un chariot et demi de chaux entre le troisième et le quatrième labour..	7	10	»	=	180	»
Charroi et étendage.....	»	6	»	=	7	20
Six hersages après les trois premiers labours ; deux *id.* après le quatrième labour ; et trois *id.* sur la semence.............	»	9	»	=	10	80
Deux boisseaux et demi (1) de semence.........	1	5	»	=	30	»
Semage et roulage.....	»	1	6	=	1	80
Rente pour l'année de jachère.............	»	15	»	=	18	»
Taxes pour *idem*.......	»	15	»	=	18	»
Rente et taxes pour l'année de la récolte........	1	10	»	=	36	»
Total de la dépense par acre	16	4	»	=	388	80

(1) Le boisseau de froment doit peser de 60 à 65 livres.

Pendant une partie de mon séjour à Sainte-Hélène, ma ferme fut cultivée selon ce mode, et l'on imagine bien qu'en examinant les comptes, je n'eus pas lieu de m'applaudir du profit : je pris donc le parti d'examiner attentivement chaque article de dépense, en suivant les opérations depuis le commencement de la jachère, jusqu'à la fin de la quatrième ou cinquième rotation. Maintenant, pour abréger et pour être plus clair, je bornerai mes observations à la culture du froment.

Un tableau semblable à celui que je viens de présenter fut dressé d'après les meilleurs renseignemens que je pus me procurer, renseignemens que j'ai vérifiés depuis par ma propre expérience, et par l'aveu de tous les fermiers de mon voisinage. Seize livres sterling par acre peuvent donc être actuellement considérées comme la dépense moyenne de la culture d'une terre qui ne rend pas plus de quinze shillings au propriétaire. J'ai déjà expliqué pourquoi une terre dont le produit brut est de douze à quinze livres sterling, paie une si faible rente. Le tableau précédent prouve clairement que les vices de cette vieille (1) agriculture

____

(1) L'agriculture de cette partie du Sussex paraît n'a-

doivent être attribués aux dépenses énormes
que l'on fait pour les labours et la chaux , et à

---

voir éprouvé d'autre changement, depuis plusieurs siècles,
que la substitution de la chaux à la marne. Ce changement eut lieu il y a quarante ou cinquante ans, lorsque
l'amélioration des grandes routes les rendit praticables
pour les chariots. Il y a de larges puits de marne dans
le voisinage, mais l'on en fait rarement usage. Les charges de l'agriculture ont donc été augmentées de la dépense beaucoup plus grande de la chaux, que l'on va chercher à vingt-deux milles de distance, et par l'emploi
plus fréquent que l'on en fait pour fumer les jachères.

Sous d'autres rapports, notre culture diffère peu de
celle qui était pratiquée à l'époque de l'invasion des Normands, en 1066 ; car l'on nous dit qu'alors la jachère
des terres destinées au froment, et les labours fréquens
étaient pratiqués par les fermiers anglais. Il reste encore
quelques traces de la culture virgilienne.

L'invasion des Normands doit avoir beaucoup contribué à l'amélioration de l'agriculture, parce que plusieurs
milliers de laboureurs français, flamands et normands,
s'établirent dans la Grande-Bretagne, où ils devinrent propriétaires ou fermiers, et introduisirent la culture de leur
pays. Les instrumens employés alors étaient les mêmes
qu'aujourd'hui, seulement un peu plus grossièrement
construits. La charrue, par exemple, n'avait qu'un seul
manche, et était traînée en Normandie par un ou deux
bœufs. La marne était le principal engrais après le
fumier.

l'addition de la rente et des taxes, pour une année de jachère.

M'étant convaincu qu'en m'attachant à cette méthode vicieuse j'aurais une perte certaine sur le froment, j'en suspendis la culture pendant un an , résolu d'abandonner l'agriculture elle-même, si je ne parvenais pas à découvrir un mode de culture moins dispendieux. Pour remplacer la chaux , j'essayai d'abord le compost de tourbe et des fumiers de lord *Medowbanks*, qui produisit beaucoup d'effet. Je calcinai ensuite de la marne, persuadé qu'en raison de la terre calcaire qu'elle contient, la calcination lui ferait produire les mêmes effets qu'à la chaux en l'employant en plus grande quantité. Cette expérience parut promettre beaucoup : car, au printemps de 1815, ayant répandu de la marne calcinée sur deux acres de froment, à raison de trois cents boisseaux par acre, le blé devint si haut et si vigoureux qu'une grande partie versa. Je ne regarde cependant pas cette expérience comme décisive , car je crois que la cendre de la tourbe employée à calciner la marne a contribué à l'effet.

J'eus beaucoup de peine à calciner la marne, parce que les gros morceaux se délitant en miettes, elles étouffaient le feu. Cet inconvénient rendit l'opération très-dispendieuse. Heureusement, lorsque j'étais engagé dans mes recherches pour trouver un substitut à la chaux, un ami que j'avais en Écosse m'envoya les écrits de M. *Craig* sur la calcination de l'argile. Immédiatement après les avoir reçus, je construisis des fours selon ses directions. La saison étant humide, avec de courts intervalles de sécheresse, j'eus beaucoup de peine à sécher la tourbe. Quelques fours réussirent, mais je fus souvent *désappointé* par l'humidité de la tourbe, et alors mon travail et ma dépense étaient absolument perdus.

Dans l'essai que je fis des fours de M. *Craig,* je m'aperçus que, lorsque quelque chose allait mal au commencement de l'opération, il n'y avait plus de remède, parce qu'on ne peut plus commander au feu une fois qu'il est allumé. Je pensai donc qu'il serait utile de placer le feu de manière à l'alimenter à volonté par de nouveau combustible. Par ce moyen, l'on ne peut éprouver de *désappointement,* et la calcination réussit sûrement, à moins qu'elle ne s'opère dans un temps absolument humide.

Tels sont les fours que j'emploie depuis quelques années; mais comme leur forme et leur construction seront décrites ailleurs, il suffit ici de dire qu'ils ont complétement rempli mon attente , et que la dépense pour calciner de l'argile , de la terre forte ou de la marne , est de dix *pences* et un demi *penny* (1) à un *shilling* par char de seize boisseaux.

Je fis plusieurs expériences pour constater le mérite de ces matériaux calcinés. Leurs effets furent comparés à ceux de la chaux , du fumier , de la marne crue , des cendres de bois , de la tourbe mêlée au fumier ; et après m'être convaincu que l'argile , la terre forte et la marne calcinées égalaient , surpassaient même quelquefois les engrais qui étaient l'objet de la comparaison , je me décidai à faire construire des fours dans les situations les plus convenables , pour abréger les transports. J'en ai maintenant quatre qui contiennent huit cents chars, et avec lesquels je puis calciner de mille six cents à deux mille quatre cents chars dans le cours d'une année. J'ai donc à ma disposition, sur ma ferme, un engrais excellent et peu cher, tout prêt à être employé quand il le faudra. La quantité habituellement répandue sur une acre étant de vingt chars ou trois cent vingt boisseaux , la dépense n'excède pas vingt shillings , tandis que

---

(1) *Pences*, pluriel de *penny*, qui vaut 10 centimes un tiers.

nous avons vu qu'il en coûte cent cinquante shillings pour un chariot et demi ou cent huit boisseaux de chaux (1).

Après avoir si heureusement réussi à obtenir le plus économique des substituts de la chaux ou du fumier, je dirigeai mon attention sur l'abolition de la jachère, et sur les moyens de réduire la dépense des labours destinés à préparer la terre pour les semailles.

CHAPITRE DEUXIÈME.

Sur l'abolition de la jachère.

« La jachère et les labours à bras, dit l'auteur du *Nouveau calendrier du fermier*, ces misérables substituts du fumier, dans les premiers siècles, ne peuvent plus subsister sur aucun sol, depuis que l'agriculture est perfectionnée. » Je partage cette opinion, et j'ai entièrement supprimé la jachère dans mes terres; mais on la croit encore indispensable par-tout où l'on sème à la volée, afin d'arracher les plantes nusibles, de mûrir la terre et de la pulvériser; je ferai donc quelques observations

----

(1) L'auteur confond toujours l'amendement de la chaux, de la marne, de la terre calcinée, avec l'engrais produit par le fumier, la tourbe, etc. ; il y a cependant une grande différence.　　　　(*Note de M.* Bosc.)

sur cette partie de l'agriculture, que je considère comme la première cause de l'abaissement du produit de la terre au-dessous de ce qu'il devrait être.

Il est bien reconnu que tout fermier qui pratique la jachère paie une année de rente et de taxes pour la portion de sa terre qui demeure improductive ; il est reconnu encore que la préparation de la terre pour la récolte suivante est la plus pénible et la plus dispendieuse des opérations agricoles. Cet inconvénient, il est vrai, je l'ai déjà démontré, est d'une faible importance pour le fermier ; la perte est entièrement supportée par le propriétaire, le revenu public et la nation. L'effet général de la jachère est de diminuer le produit de la terre d'un cinquième au moins au-dessous de ce qu'il serait si l'étendue restée en jachère était rendue productive, et ajoutée à celle qui est annuellement en culture.

Cette addition serait plus que suffisante pour mettre les Trois-Royaumes en état de produire assez de blé pour nourrir toute leur population actuelle. Il ne serait point nécessaire alors de faire de nouveaux défrichemens, opérations qui exigeraient l'emploi de vastes capitaux, qui pourraient être employés plus utilement à d'autres entreprises. Ces défrichemens ne pourraient être avantageux que dans le cas où, ce que je crois très-possible, l'on y introduirait un système de culture plus économique et plus fructueux que celui qui est généralement pratiqué.

L'on doit donc employer tous les moyens convenables pour bannir de notre système agricole une pratique aussi absurde. En Flandre, en Suisse, en France et dans notre pays même, l'on voit plusieurs exemples encourageans de l'abolition successive de la jachère. En France particulièrement, l'on fait de grands efforts pour détruire cette pratique, qui est considérée comme destructive de toute prospérité ; « mais bientôt dit M. *Yvart,* nous devons espérer d'arriver successivement à l'abolition de la jachère absolue sur le territoire français, parce qu'un grand nombre de cultivateurs zélés et instruits, osant braver tous les obstacles que leur opposent la routine et les préjugés, donnent à leurs voisins d'utiles exemples qu'ils ne pourront manquer d'imiter. »

Sir *John Sinclair,* dans ses *Notions sur l'agriculture des Pays-Bas,* a publié quelques faits qui méritent toute l'attention des partisans que la jachère conserve encore. Il nous apprend qu'après une lutte opiniâtre, elle a été presque complétement abolie dans la plaine de Fleurus, et qu'il n'en reste pas de vestiges chez les fermiers suisses. Il serait bien heureux pour la nation et pour les cultivateurs eux-mêmes que ces exemples fussent imités par toute l'Angleterre.

La Société d'agriculture de Boulogne-sur-mer, ainsi qu'on le voit dans le *Procès - verbal de sa séance du 24 mai 1819*, après avoir développé le grand inconvénient de laisser, chaque année, un tiers de la terre improductif, car tel est l'usage dans cette partie de la France, a offert un prix pour le meilleur mémoire sur le produit net d'une rotation de trois années avec jachère, et la même rotation sans jachère sur une terre de même qualité (1). Des encouragemens de cette nature seraient très-utiles pour déraciner les préjugés favorables aux vieilles

____

(1) Sir *John Sinclair* nous assure qu'il a été constaté en Flandre qu'après la jachère, le froment produit en raison de douze fois et demie la semence ; qu'il produit au contraire à raison de treize fois et demie, après les navets et le colza, et qu'il est en outre moins sujet à la carie. Jusqu'ici mes meilleures récoltes de froment ont succédé à la vesce d'hiver, ce qui m'a déterminé à adopter la rotation de 1°. vesce d'hiver ; 2°. froment ; 3°. avoine ; 4°. trèfle et ray-grass. La vesce est fumée ; et le chaume brûlé, avec une petite portion de la terre, nettoie celle-ci, et la prépare à recevoir l'avoine et le trèfle.

coutumes; mais je crois qu'il vaudrait mieux encore établir de petites expériences par tout le royaume pour déterminer ce point, et tous les autres, qui sont encore controversés : elles coûteraient bien peu aux propriétaires qui voudraient les entreprendre; car la plupart des plus importantes que j'aie faites n'ont pas occupé plus d'un *rod* carré. Sur un espace aussi borné, l'on peut constater, avec une exactitude suffisante, les effets relatifs de la jachère ou de sa suppression ; des labours profonds ou superficiels d'une surface grossièrement labourée ou bien pulvérisée ; de la fréquence ou de la rareté des labours ; des semis clairs ou épais ; de toutes les diverses sortes d'engrais qui sont à la portée du domaine sur lequel les expériences sont faites. En un mot, douze années d'expériences m'ont convaincu qu'il n'y a pas un seul point de l'agriculture pratique qui ne puisse être éclairci de cette manière sans s'engager dans de longues et fâcheuses discussions, dont le principal effet est d'ennuyer beaucoup ceux qui les lisent.

On m'a souvent demandé si ma méthode avait été adoptée par les fermiers. Ma réponse est simple : les fermiers n'ont aucun intérêt à adopter de nouvelles méthodes, et sont par con-

séquent très-contens des anciennes. D'ailleurs,
avec les conditions qui leur sont imposées dans
les baux, vainement seraient-ils convaincus de
la supériorité d'une nouvelle méthode, ils n'o-
seraient la suivre, quand même ils le désire-
raient : les peines exprimées dans les baux les
forcent de rester fidèles à la jachère, à la chaux
et à toute la routine dispendieuse soigneusement détaillée dans leurs contrats (1).

----

(1) Quelques fermiers, ou plutôt petits propriétaires,
qui demeurent à une petite distance de chez moi, ayant
entendu parler de ma manière de cultiver et de brûler
l'argile, ont visité ma ferme il y a quelques mois. Je leur
ai donné tous les renseignemens qu'ils ont pu désirer,
et convaincus de la dépense ruineuse de la chaux, ainsi
que du bas prix de mon engrais, ils ont commencé à
brûler de l'argile. L'un d'eux, M. *Gibeon Jarvis*, dont
j'ai visité la ferme dans la paroisse de Ticehurst, m'a
donné les détails suivans sur ses expériences.

Il a brûlé, dans un seul tas, deux cent quarante et
un chars d'une terre très-forte, mêlée avec du gazon et
d'autres plantes. Pour le travail de creuser et de brûler,
il a payé un shilling par char de quatorze boisseaux,
ou douze livres sterling. Le combustible a consisté en
trois cordes de racines, qu'il estime dix-huit shillings et
vingt-cinq fagots à deux shillings : de sorte que ces deux
cent quarante et un chars lui coûtent treize livres
treize pences par char.

Les deux cent quarante et un chars ont été répandus

J'ai déjà remarqué que la jachère était considérée comme indispensable dans les terres où l'on sème à la volée. Il est possible qu'il en soit ainsi dans quelques cas particuliers ; mais il me semble que si ce genre de culture était conduit mieux qu'il ne l'est ; si le fumier n'était jamais mis dans la terre immédiatement avant le froment ; si de l'argile, de la marne ou de la terre brûlées étaient substituées à la chaux ; si les chaumes de froment, de vesces, de fèves, de

---

sur quatre acres, à raison de quatorze par acre ; sur une acre et demie il a répandu un chariot trois quarts de chaux, et la partie occidentale de son champ de dix acres a été fumée avec un compost de fumier et de terreau, à raison de quarante chars par acre. Enfin, entre ces divers engrais, il a laissé divers espaces sans aucun amendement. Ces expériences sont judicieusement combinées, et je ne doute pas, s'il a bien pulvérisé le sol et la cendre d'argile, que les résultats ne soient satisfaisans. Cette espérance est fondée sur ma propre expérience, et sur un essai fait par *Baden Powel*, écuyer, de Langton, qui a fumé la moitié d'un champ avec de la chaux, et l'autre moitié avec de l'argile brûlée. A la récolte, les deux parties du champ représentaient peu de différences sensibles.

Le succès du fermier de Ticehurst établirait bientôt dans le voisinage la substitution de l'argile calcinée à la chaux ; ce qui améliorerait beaucoup la condition des fermiers, si les propriétaires voulaient sanctionner ce changement dans la culture du Sussex.

pois étaient arrachés par un scarificateur, râtelés ensuite avec une portion de la terre contenant les racines et les semences des plantes
nuisibles, et puis brûlés, ainsi que je le pratique
dans mon nouveau système de culture, je pense
que ces moyens nettoieraient et pulvériseraient
assez la terre pour n'avoir pas besoin de jachère. Cette opinion est fondée sur le grand
nombre de preuves que j'ai eues sous les yeux
de la grande propreté de la terre et de la fine
pulvérisation du sol, lorsque ces opérations
avaient été bien faites, et après que les matières calcinées y avaient été répandues.

J'avais établi dans un petit champ de froment quatre expériences d'argile brûlée ; j'avais
laissé autour un espace sans engrais, et au-
delà le reste du champ avait reçu du fumier
bien pourri, à raison de quarante chars par
acre ; le tout avait été scarifié, hersé et semé
en rayons, de la même manière. Ces expériences de cendre d'argile conservèrent une
supériorité frappante pendant le cours de trois
récoltes successives, dont la première était d'un
mélange d'avoine et de vesce, la seconde et la
troisième de froment.

Au moment de la récolte du froment de la
troisième année, celle des quatre terrains en

expérience, qui avaient reçu de la cendre d'argile, à raison de dix, vingt, trente et quarante chars par acre, fut de beaucoup supérieure en produit, et parfaitement nette de plantes étrangères, tandis que celle du champ fumé fut très-sale et inférieure en produit, quoiqu'elle eût été binée et sarclée deux fois : elle l'était au point qu'un quart au moins des gerbes était composé de plantes étrangères au blé (1). Heureuse-

____

(1) L'auteur du *Nouveau calendrier du fermier* dit, page 613 : « J'ai ouï dire à deux fermiers très-recommandables que s'ils fumaient leurs terres, ils y introduiraient nécessairement une grande quantité de mauvaises graines. Il y a trois ans, j'eus, dans le fameux comté de Kent, un spectacle qui n'avait jamais frappé mes yeux dans l'ancien système de culture : c'était un champ de froment dont les épis commençaient à sortir, et où le blé était tellement surmonté par les mauvaises herbes, qu'il semblait n'être là qu'au second rang. J'ai été informé dernièrement que, dans un certain comté où la culture passe pour avoir été perfectionnée, l'on voit souvent des champs si couverts de mauvaises herbes que la charrue ne peut y passer, et où les labours sont si difficiles, que les fermiers préfèrent enterrer leurs semences avec la herse. »

Il me semble que la meilleure manière de nettoyer des terres aussi sales que celles dont il vient d'être fait mention serait de les scarifier, les râteler et les brûler de la manière que j'ai indiquée. Ce procédé serait beaument cette récolte n'occupait qu'un petit espace de deux acres : c'était la seule partie fumée de cinquante acres de froment, et le seul champ qui fût infesté d'herbes.

J'attribue l'extrême malpropreté de ce froment fumé à la litière de la cour de la ferme, composée de fougère et de plusieurs autres plantes qui n'étaient pas suffisamment pourries lorsque le fumier fut conduit sur la terre.

L'introduction générale des semis en rayons serait indubitablement le moyen le plus efficace de délivrer l'agriculture des dépenses de la jachère et de ses autres inconvéniens ; mais il existe de grands préjugés contre ce mode de culture que l'on croit incommode et dispendieux : il serait donc important que l'abolition de la jachère pût être amenée par d'autres moyens.

---

coup plus efficace qu'une jachère d'été avec des labours grossiers, par lesquels l'on enterre les mauvaises graines. Cependant si la terre en jachère était entièrement labourée par des scarificateurs, par lesquels elle serait bien pulvérisée, les mauvaises graines germeraient, et les jeunes plantes seraient facilement détruites par de nouvelles scarifications pendant les chaleurs de l'été. Le sol ainsi atténué serait disposé à recevoir par tous ses pores les principes de végétation dont l'atmosphère abonde.

J'ai déjà indiqué un moyen d'atteindre le but de la jachère avec très-peu de dépense ; mais en y réfléchissant davantage , j'en ai trouvé un autre. Il consiste simplement à semer à la volée selon la méthode ordinaire, et ensuite, sans employer la herse, à disposer la semence en rayons ou en sillons éloignés de neuf pouces les uns des autres. J'ai dernièrement employé ce moyen sur un champ de neuf acres, avec un instrument à quatre socs, élevant perpendiculairement la terre et la semence, qui retombent ensuite de droite à gauche, de manière que la semence soit recouverte de deux ou trois pouces. Cette machine sera plus particulièrement décrite avec les autres instrumens que j'emploie dans mon nouveau mode de culture.

Il est probable que, par ce moyen, l'on obtiendrait presque tous les avantages de la machine à *rayonner*; la semence est plus complétement couverte par une seule opération que par trois ou quatre hersages : elle est placée en rayons ; les plantes jouissent par conséquent d'une plus libre circulation de l'air, et les racines peuvent plus librement s'étendre sur les côtés. Le sarclage à la main peut se faire très-facilement, si la houe à cheval ne peut passer entre les rayons ; ce qui est encore incertain.

J'ai toujours pensé que l'entière abolition de la jachère est indispensable, si nous voulons atteindre à la perfection de l'agriculture, si nous voulons enfin faire de l'Angleterre un modèle de culture. La chose est certainement possible, si l'on emploie des moyens convenables pour éclairer les cultivateurs sur leurs erreurs et sur leurs fautes, pour introduire dans tout le royaume un bon système d'économie et d'amélioration.

De ce que la jachère a été pratiquée dans les siècles antérieurs, l'on aurait tort de conclure qu'elle doit l'être encore aujourd'hui, lorsqu'une multitude de faits nous démontrent que l'on peut s'en dispenser. Un attachement opiniâtre à cette pratique vicieuse, dans les circonstances actuelles, ne peut être attribué qu'à ce penchant inexplicable que nous conservons pour plusieurs autres coutumes non moins vicieuses, établies depuis long-temps.

Ce que sir *John Sinclair* a vu et entendu en Flandre le détermine à penser que la jachère n'est pas nécessaire, même pour les terres fortes, si, par d'autres moyens, elles peuvent être bien nettoyées et pulvérisées. Je démontrerai, dans le chapitre suivant, que ces deux opérations sont facilement praticables sur les terres les plus compactes.

Par l'abolition de la jachère, deux millions quatre cent mille acres (1) de terres aussi bonnes que les autres parties des fermes pourraient être immédiatement cultivés en Angleterre et en Écosse, sans recourir à de nouveaux capitaux. Je prouverai même, par ma propre expérience, qu'on peut les cultiver utilement à moins de frais qu'il n'en coûte pour les laisser improductifs.

Combien cette perspective est plus consolante que ces plans gigantesques de défrichemens de landes, regardés cependant comme indispensables dans presque tous les projets présentés pour procurer à la nation un supplément de nourriture indépendant des nations étrangères. On n'a pas calculé sans doute quel énorme capital serait nécessaire pour le défrichement d'une si grande étendue de landes, pour les nouveaux bâtimens et les clôtures, ainsi que pour les bestiaux indispensables pour un si grand nombre de fermes. En estimant la dépense au taux moyen de vingt livres sterling par acre, le capital indispensable monterait au moins à quarante-huit millions (un milliard cent quatre-vingt-sept millions quarante mille francs); tan-

____

(1) Deux millions deux cent mille en Angleterre, et deux cent mille en Écosse.

dis que, par l'entière abolition des jachères, cette somme serait, pour ainsi dire, ajoutée au grand capital du royaume sans aucune addition de dépense.

Mais ce n'est pas tout, divers autres avantages résulteraient évidemment de l'abolition proposée. Les provisions de toutes espèces devenant plus abondantes et moins chères, la classe laborieuse jouirait d'une plus grande aisance ; la taxe des pauvres serait considérablement diminuée : il faudrait moins de travail et de dépense pour rendre la terre productive, que pour lui donner, pendant toute une année, les minutieuses et dispendieuses préparations de la jachère. Tout ceci sera démontré par des exemples dans le chapitre suivant, où l'on verra comment les fermiers de mon voisinage prodiguent le travail d'une journée de vingt chevaux pour disposer une seule acre de leurs jachères à recevoir du froment ; tandis que j'obtiens une pulvérisation plus parfaite et des récoltes aussi abondantes sans jachère, par une seule journée du travail de cinq chevaux, et quelquefois moins.

Ce simple aperçu suffira, je pense, pour donner une idée précise des immenses avantages qui résulteraient de l'abolition complète de la jachère. Ce sujet est intimement lié avec les deux grands principes de l'économie politique, l'augmentation du revenu, et la certitude pour la population d'une provision suffisante d'alimens : je dois donc espérer qu'il fixera l'attention du Gouvernement, et que de promptes mesures seront prises pour faire cesser une pratique ruineuse, en opposition avec des faits positifs et incontestables (1). Pour être convaincu de cette vérité, il suffit de parcourir les annales de l'agriculture : l'on y trouvera des preuves nombreuses du succès de l'abolition des jachères sur toutes les espèces de terre, particulièrement par les soins de *Bakewel*, *Arbuthnot* et autres. Si les exemples que nous avons sous les yeux devenaient généraux, nous serions bientôt té-

____

(1) L'un des meilleurs écrits que j'aie lus sur l'abolition de la jachère se trouve dans un ouvrage intitulé : *Nouveau cours complet d'agriculture théorique et pratique*, publié en 1809. M. *Yvart*, ancien fermier, professeur d'agriculture et d'économie rurale, membre de l'Institut, a traité ce sujet d'une manière si distinguée, a donné tant de preuves du succès de l'abolition de la jachère en France, que si son article *Jachère* était traduit en anglais et imprimé pour l'instruction générale, il convaincrait indubitablement les *jachéristes* que leur système est complétement inutile, et aussi ruineux pour eux que pour le public.

moins d'une vaste amélioration dans l'agriculture de notre pays.

J'ai déjà présenté quelques observations sur les moyens d'opérer un changement si désirable ; j'ai dit que je pensais, et je pense encore, que l'établissement de petites expériences dans tout le royaume, sous la direction des propriétaires qui y sont les plus intéressés, était le moyen le plus facile, le plus économique et le plus efficace d'obtenir ce grand résultat.

CHAPITRE TROISIÈME.

De la préparation de la terre pour recevoir la semence.

Après avoir développé les méthodes par le moyen desquelles je suis parvenu à me dispenser de deux dépenses très-grandes de l'ancienne culture, l'emploi de la chaux et des jachères, je vais expliquer les changemens que j'ai introduits pour la préparation de la terre, changemens au moyen desquels je puis facilement et promptement diviser la terre beaucoup mieux que par la charrue et la herse. Au lieu de laisser une terre oisive depuis la moisson jusqu'aux semailles, et de prodiguer, ainsi que mes voisins, le travail de mes attelages à labourer et relabourer une terre improductive, je prépare la mienne pour semer le froment et la vesce d'hiver, dans le cours du petit nombre de semaines qui se sont écoulées depuis la récolte, et je puis le faire en employant très-peu la charrue, et souvent point du tout.

Depuis le temps de *Columelle* (1) jusqu'à ces

---

(1) *Columelle* veut que les labours réduisent la terre à l'état pulvérulent, et il cite un proverbe des anciens Romains, que *la terre est mal labourée qui a besoin d'être hersée sur la semence.* Avec des instrumens moins puissans que ceux dont on se sert aujourd'hui, il est possible d'atteindre à cette grande finesse sans hersage; mais tant que subsistera la pratique de déchirer la terre en larges mottes, non-seulement les hersages, mais de fréquens *roulages* seront nécessaires pour réduire la terre au degré de finesse qui est recommandé. Cette pratique, inconnue chez les nations orientales, et en Angleterre sans doute à l'époque où on labourait avec un ou deux bœufs, condamne le cultivateur à une immensité de travaux futurs, et dont on serait dispensé si l'on employait des instrumens moins puissans, si nous imitions les Chinois, les Indiens, qui labourent et pulvérisent en même temps avec leurs faibles instrumens; ce qu'ils feraient mieux encore avec nos scarificateurs. Ceux-ci, en effet, remplissent l'office de la charrue et de la herse, je pourrais dire aussi du rouleau, puisqu'il est inutile sur une terre scarifiée.

jours, tous les auteurs qui ont écrit sur l'agriculture ont fortement insisté sur les grands
avantages d'une parfaite pulvérisation du sol,
et les ont prouvés même par la pratique. Le
principe général qu'ils se sont efforcés d'inculquer est de tenir les terres propres et si
bien labourées, qu'une ferme ressemble, autant qu'il est possible, à un jardin.

Il n'y a personne qui ne sente que la *culture jardinière* est préférable à celle des champs ;
nous trouvons cependant encore beaucoup de
partisans des labours grossiers, qui font dans
leurs champs ce qu'ils ne se permettraient
jamais dans leurs jardins ; mais qu'ils fassent
dans ceux – ci un essai comparatif des deux
modes de labour, ils apprendront bientôt la
supériorité d'une complète pulvérisation. Pour
moi, j'ai si souvent été témoin de cette supériorité, que je serais presque disposé à
croire qu'une grande partie de l'effet des matières calcinées est due à l'extrême division à
laquelle le sol est réduit par des instrumens
d'une très-faible puissance : j'ai donc fait beaucoup d'efforts pour découvrir par quels moyens
je pourrais obtenir cette extrême division des
molécules de la terre avec le moins de dépense
possible.

J'aperçus bientôt qu'avec la méthode usuelle des labours fréquens et profonds, il m'était impossible de réduire des terres aussi fortes que les miennes au degré de ténuité nécessaire pour les semis en rayons, et à ce propos un fermier respectable et intelligent du voisinage me dit que je ne réussirais jamais à semer de cette manière ; qu'il l'avait essayée pour son propre compte, et qu'il y avait renoncé, parce qu'il n'avait jamais pu diviser assez la terre.

En cherchant à m'expliquer la cause de ce défaut de succès, je fus convaincu que ces labours fréquens et profonds étaient peu judicieusement dirigés. On veut faire trop à-la-fois ; le premier labour non-seulement enterre les mauvaises graines tombées à la surface du sol, mais y amène d'énormes bandes de terre, qui, étant coupées transversalement par un second labour, forment de grosses mottes, au sein desquelles un grand nombre de ces mauvaises graines sont renfermées, pour ne végéter qu'à la fin de la jachère : ainsi, leurs produits, que l'on avait eu l'intention de détruire par la jachère, profitent, autant que le froment lui-même, de toutes ces opérations laborieuses et dispendieuses, aussi bien que du fumier : ils croissent avec lui et lui dérobent une partie de la nourriture dont il aurait joui tout seul, si ces parasites affamés eussent été détruits avant de naître, ou aussitôt après leur naissance. Le meilleur moyen de s'en débarrasser est de les tirer de leur prison et de les détruire par le feu dans l'état d'embryons, ou si quelques-uns ont échappé, de les contraindre à végéter, avant que les semences du froment soient confiées à la terre.

Ces réflexions étaient sans doute bien fondées ; mais la grande difficulté était d'obtenir cette division de la terre, que je jugeais indispensable. J'avais alors un champ de cinq acres, qui était demeuré cinq mois en jachère. Il n'avait reçu qu'un seul labour et aucun engrais après les quatre précédentes récoltes. Au commencement de mars, je me disposais à le préparer pour de l'avoine; on me conseilla de le labourer : mais comme les bandes de terre étaient aussi dures que de la brique, il était évident que toute la surface serait bientôt convertie en grosses mottes qu'il serait impossible d'écraser, à moins qu'elles ne fussent un peu ramollies par la pluie. Je pensai en outre qu'en labourant à cette époque, la charrue amènerait de la terre toute nouvelle, et que la surface, qui avait été si long-temps exposée aux influences

bienfaisantes de l'atmosphère, serait profondément enterrée, de manière que ce qu'elle avait
gagné par une longue exposition à l'air serait
entièrement perdu.

Ces motifs me firent prendre la résolution de
pulvériser les bandes de terre par un autre
moyen. Ce n'était pas un petit travail, car je
n'avais alors à ma disposition qu'une herse pesante ou brise-motte. Je réussis cependant à
réduire presque en poussière cette terre revêche, après cinq jours du travail de huit bœufs
et d'un cheval attelés au brise-motte, et de
deux chevaux attelés à deux herses. La dépense
en hommes et en animaux fut de trente et un
shillings par acre.

L'avoine fut semée à la volée, et me donna
une des plus belles récoltes du voisinage, au
grand étonnement de quelques fermiers, qui
avaient prédit que je recueillerais à peine ma
semence, parce que la terre n'avait pas été
fumée.

Une preuve si évidente des bons effets d'une
fine pulvérisation me décida à chercher si je ne
pourrais pas l'obtenir à moindres frais.

En préparant mon champ d'avoine, je m'étais
borné à faire traîner le brise-motte selon l'u-
sage. Je lui donnai deux manches, qui ajouté-

rent beaucoup à sa force; mais j'observai que
lorsque la pression sur les manches faisait entrer dans la terre les dents de derrière, celles
de devant étaient soulevées, et par conséquent
sans effet. J'aperçus alors, pour la première
fois, l'imperfection de cet instrument, qui peut
convenir aux terres légères, mais point du tout
aux terres fortes. Cette imperfection vient de
ce qu'il a un trop grand nombre de dents ou
points de résistance, qui se contrarient les uns
les autres. Le nombre est de trente-six, qui sont
dans le fait autant de points résistans, suppor-
tant tout le poids de la machine.

Supposons que ce poids soit de sept cent
vingt livres, le poids supporté par chaque dent
ne sera que de vingt livres; ce qui ne peut produire qu'un très-faible effet sur une surface
dure. Pour augmenter ce poids ou cette puissance sur les dents, il suffisait d'en réduire le
nombre. C'est sur ce principe que j'ai construit
mes petits scarificateurs. Ils n'ont pas plus de
sept dents, insérées à neuf pouces de distance,
sur deux lignes parallèles, distantes entre elles
de onze pouces. Par ce moyen, sa puissance est
concentrée et en même temps augmentée; car
supposons le même poids de sept cent vingt livres agissant sur les sept dents, il est évident

qu'au lieu de vingt livres, chacune d'elles supportera une pression de cent deux livres six septièmes, ou un septième de sept cent vingt.

Comme un de ces scarificateurs perfectionnés m'a semblé produire autant et plus d'effet que quatre ou cinq charrues indiennes ou chinoises, j'ai été conduit à examiner la construction et l'emploi de ces faibles instrumens, et, autant qu'il m'a été possible, les effets surprenans de la charrue chinoise.

On voit une très-bonne figure de cet instrument dans le *Magasin du Fermier*, pour 1805, où il est décrit dans une lettre à lord *Sommerville*. L'auteur anonyme de cette lettre dit qu'il est si léger, qu'un homme peut le porter sur son épaule; le laboureur le dirige facilement d'une main. Dans les terres légères, il est traîné par un taureau de la grandeur d'une vache écossaise. Dans les terres argileuses des environs de Canton, qui sont toujours labourées humides, l'on emploie un buffle, parce qu'il est plus fort. « Je vous assure, dit l'auteur, qu'un laboureur chinois rirait d'aussi bon cœur à la vue de la charrue de Small traînée par deux chevaux, qu'un fermier du Lothian à la vue de la lourde machine à six chevaux employée dans ce voisinage (1). »

______

(1) Blackheath.

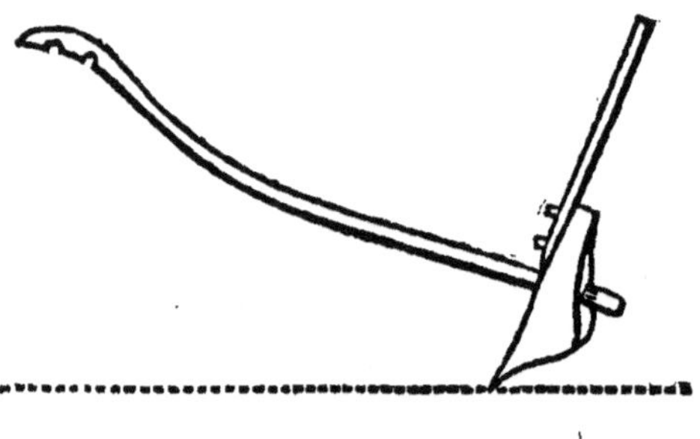

Echelle de douze pieds anglais (onze pieds français à-peu-près).

Page **53.**

La charrue indienne est, je crois, encore plus légère que la charrue chinoise. J'ai vu un Indien, revenant de son travail, assis sur un petit taureau trottant gaiement vers sa demeure, portant dans chaque main une charrue appuyée sur sa cuisse. Ce fait me parut remarquable, et je le consignai de suite dans mon journal. (*Voyez* la figure ci-contre.)

Mais, comme l'observe le docteur *Johnson*, les effets les plus admirables de l'industrie humaine ne sont que des exemples de la force irrésistible de la persévérance. Ce n'est point par une seule opération que les charrues indienne et chinoise opèrent les miracles qui ont fixé l'attention des voyageurs. Cela serait impossible, parce que ni la force de l'instrument, ni celle des deux misérables animaux qui le traînent n'y suffiraient pas s'il fallait pénétrer d'un trait à la profondeur requise ; la chose serait possible tout au plus dans un champ de riz où l'eau a converti la terre en boue. Tout le secret consiste en de petites opérations sans cesse continuées, qui, avec le temps, surmontent les plus grandes difficultés. Lorsque j'étais à Sainte-Hélène, je fis venir des charrues indiennes et chinoises avec l'intention de les introduire dans cette île ; mais lorsqu'elles furent arrivées, je les regardai avec dédain, comme tous les habitans de l'île ; je leur préférai la charrue de Norfolk, parce qu'alors je ne concevais pas l'utilité de répéter les petites opérations.

Le docteur *Buchanan*, dans le récit de son voyage au Mysore, à Canara et au Malabar, donne la notice suivante sur la répétition des labours et l'imperfection des charrues employées dans ces contrées. « En examinant l'état de l'agriculture aux environs de Séringapatam, l'on y découvre plusieurs vices capitaux que l'on doit attribuer à l'extrême imperfection de leurs instrumens et à la petite taille de leurs bestiaux. Après six ou huit labours, l'on voit encore dans leurs champs plusieurs buissons aussi élevés qu'avant le premier, qui n'a pas pénétré à plus de trois pouces de profondeur, et n'a retourné aucune partie du sol. Leur charrue n'a ni coutre ni oreille pour fendre et retourner la terre, et le manche ne permet guère au laboureur de la bien diriger. Les autres instrumens sont aussi imparfaits, et si grossièrement construits, que mon dessinateur n'a pu les rendre exactement. (Vol. Ier, page 127.)

» Pour semer le riz, *carteeka,* l'on donne cinq labours ; après le cinquième, le champ est fumé et labouré encore deux fois. (Vol. III, page 143.)

» Pour la préparation de la terre destinée au

raggy (*cynosurus coracanus*), nommé dans l'Inde grain sec, parce qu'il se sème en terre sèche, le docteur *Buchanan* donne les détails suivans : « Le labour commence lorsque les premières pluies du printemps ont assez ramolli la terre pour recevoir la charrue. De ce moment au 5 juin, le champ est labouré quatre ou six fois selon qu'il était net ou sale. Le fumier est alors étendu et enterré par un labour. (Vol. Ier., page 100.)

» Pour le riz *navara*, la terre est labourée dix fois. » (Vol. II, page 374.)

En voilà assez pour montrer que, pour la culture de la terre humide comme de la terre sèche, l'on donne un grand nombre de labours, et l'on peut bien croire qu'ils sont nécessaires quand on considère la forme et les petites dimensions des charrues représentées dans l'ouvrage du docteur *Buchanan*, et réduites à une échelle, afin de les comparer à celles de la charrue anglaise.

Le docteur *Buchanan* a dit que la charrue indienne n'a ni coutre ni oreille : ceci est incorrect, parce que les pointes de ces charrues, qui entrent dans la terre, ressemblent plus à des coutres qu'à des socs ; c'est-à-dire qu'elles sont étroites, que leur position est verticale et que l'angle qu'elles forment avec la flèche est très-aigu. Il est évident, d'ailleurs, que la destination de ces instrumens est de briser et d'émietter la terre et non de la retourner. Tel est précisément l'effet produit par le scarificateur et la herse; effet suffisant, qui peut être produit plus facilement que lorsque l'on ajoute les pénibles opérations de labourer profondément et de retourner le sol. Si cependant la dernière opération était jugée nécessaire, et je ne vois pas de raison pour qu'elle le soit, l'instrument n°. 5 de la planche II le produira aussi bien qu'aucune charrue à oreille, lorsque la pulvérisation du sol sera complète, à raison de trois acres par jour avec un seul cheval.

Je ne puis abandonner ce sujet sans ajouter que, malgré l'apparente imperfection de la charrue indienne, les fermiers la manœuvrent assez bien pour faire produire à la terre d'excellentes récoltes de toute espèce de grains. Leur riz *paddy* produit ordinairement de 33,3 à 66,6 boisseaux par acre, et leur froment, appelé *javi godi* (*triticum monococcum*), de 22,2 à 26,6 boisseaux par acre.

Pendant mon inspection sur la péninsule de l'Inde qui s'étendait du cap Comorin à la rivière Godavery, et à l'ouest jusqu'à Seringapatam, j'ai eu l'occasion d'observer des milliers d'acres couverts de superbes récoltes aussi nettes que celles des parties les mieux cultivées de l'Angleterre. Quant aux buissons dont a parlé le docteur *Buchanan*, on les laisse intacts par suite d'une vénération superstitieuse transmise d'âge en âge, et non par l'impuissance de la charrue, que je suis disposé à croire beaucoup plus parfaite que les voyageurs ne le pensent communément : nous devons la juger par les effets et non par l'apparence.

Si nous appliquons le principe des petites opérations à une terre forte, et si, en ne prenant avec le soc que la profondeur que deux chevaux peuvent labourer, nous répétons l'opération, nous atteindrons le but proposé, c'est-à-dire, qu'avec un moindre emploi de la force animale, nous aurons un labour aussi profond que si on l'eût fait en une seule fois avec quatre chevaux.

Ceci peut être expliqué en supposant que la résistance à la charrue est en raison du carré de la profondeur du labour. Ainsi, si nous labourons avec quatre chevaux à la profondeur de six pouces, la résistance sera $6 \times 6 = 36$; mais si avec les quatre mêmes chevaux, en n'en employant que deux à-la-fois, nous labourons cette même profondeur de six pouces en deux opérations de trois pouces chacune, le carré de la première profondeur sera 9, et le carré de la seconde encore 9, total 18 pour la force employée par deux chevaux en labourant à la profondeur de six pouces à deux reprises différentes.

Ajoutons à cela qu'en ne labourant qu'à trois pouces de profondeur au lieu de six, les bandes de terre sont moins épaisses, par conséquent mieux disposées à céder aux efforts de la herse et du rouleau, et à subir le degré de division convenable.

Dans la méthode que j'ai adoptée pour obtenir une extrême division des particules du sol, la charrue est rarement et quelquefois point du tout employée; son principal usage est de préparer la terre, par un labour grossier (1), à être plus facilement ouverte par les scarificateurs: dans ce cas, l'on ouvre, sur toute la superficie du champ, des sillons de quatre pouces de profondeur éloignés les uns des autres de vingt-sept pouces. En employant deux chevaux on laboure ainsi, avec un seul instrument, trois acres par jour. Les scarificateurs, passant deux fois à travers ces sillons, arrachent le chaume et les racines des

______

(1) Je me suis convaincu récemment que ce labour est inutile, et que le plus souvent les scarifications suffisent pour pulvériser le sol.

plantes nuisibles que l'on ramasse en petits tas sur le sol avec un râteau de six pieds de longueur (*Pl.* I, *fig.* 2,), traîné par deux chevaux. Lorsqu'on a du loisir, et que le temps est sec, toutes ces ordures sont réunies en tas plus considérables, à trente-trois pieds ou onze pas de distance les uns des autres, pour être brûlés. Les cendres sont répandues le plus tôt possible, et la terre est ensuite scarifiée deux fois, quelquefois même hersée ; la terre est ensuite dans un état parfait pour recevoir la semence.

Cette manière de préparer la terre n'exige pas plus du quart de la force animale habituellement employée par les fermiers, mes voisins, pour labourer leurs jachères d'été et faire leurs dispositions pour les semailles.

Leur usage est de donner quatre labours à la jachère, et je suppose qu'ils puissent labourer une acre par jour. Comme ils emploient quatre chevaux à chaque labour, il est évident qu'une journée de seize chevaux a été employée pour les quatre labours d'une acre. Supposons que l'on a employé une journée de quatre chevaux pour les hersages et roulages, il est évident que la force de vingt chevaux a été employée pour disposer chaque acre de terre à être ensemencée en froment.

Par la méthode que j'ai adoptée, il m'est arrivé souvent d'observer qu'une pulvérisation plus parfaite de chaque acre est obtenue par l'emploi de quatre chevaux et demi par jour : ceci comprend un labour avec trois chevaux et toutes les opérations subséquentes de la scarification, du hersage, du semis en rayons, du creusement des sillons d'écoulement pour les eaux de pluie, et en outre deux passages de la houe à cheval entre les rayons durant la croissance du blé.

Avant de donner une idée exacte de mes procédés, il me paraît convenable de donner une courte description des instrumens que j'emploie pour chacune de mes opérations, et de déduire de l'application journalière du travail des hommes et des animaux à chaque instrument la dépense actuelle de chaque opération par acre. Ces instrumens sont les suivans :

1°. *Charrue écossaise* (1). — Avec trois chevaux elle laboure une acre par jour.

2°. *Petits scarificateurs* de mon invention. Ces instrumens, attelés d'un cheval, exécutent diverses opérations à raison de trois acres par jour.

---

(1) L'auteur dit *the scotch plough or Slenty's patent plough.*

Jusqu'ici ils ont été principalement employés à arracher le chaume, à pulvériser la terre, et à *houer* entre les rayons de blé. (Voyez *Pl.* I, *fig.* 1.)

3°. *Râteau à chaume.* — Il est composé de trois barreaux solidement unis. Le barreau antérieur a une roue à chacune de ses extrémités. Le postérieur, long de six pieds deux pouces, est armé de vingt et une dents; il est traîné par deux chevaux, et râtelle six acres par jour (1).

4°. *Une paire de herses légères.* — Elles hersent environ dix acres par jour.

5°. *Charrue à marquer et à faire des planches.* — Elle est très-légère et traînée par deux chevaux. Elle a un soc ordinaire sans coutre; les deux oreilles ou versoirs, qui forment presque un angle droit avec la partie postérieure du soc, ont deux pieds (2) quatre pouces de longueur; leur extrémité postérieure est élevée de quatre pouces au-dessus du niveau du soc. Sur la verge

---

(1) Un râteau semblable a été employé, ces deux dernières années, avec un léger changement : au lieu de deux roues aux extrémités de la barre antérieure il n'en a qu'une au milieu, ainsi qu'il est représenté, *Pl.* I , *fig.* 2 : de cette manière on le tourne plus facilement au bout du champ.

(2) La longueur du pied anglais est de 3o4 millimètres et 4 cinquièmes.

est un pivot, autour duquel tourne le centre d'une légère baguette de bois d'environ onze pieds et demi de longueur. Aux extrémités de cette baguette, les marquans, qui sont des pièces de bois ou de fer, sont légèrement suspendus de manière à traîner à terre, à la distance de cinq pieds six pouces du pivot: en touchant le sol préalablement pulvérisé, ils laissent des traces suffisantes pour que la charrue puisse y retourner. Cet appareil, très-simple, exécute à-la-fois trois opérations distinctes. Le soc creuse le sillon de la planche; les oreilles renversent la terre à droite et à gauche et forment deux de-mi-planches; les marquans tracent deux lignes parallèles au sillon à la distance de cinq pieds et demi. Lorsque ces diverses opérations sont convenablement exécutées, elles donnent au champ l'apparence d'un jardin disposé en plan-ches. (Voyez *Pl.* I, *fig.* 3.)

6°. *Herse à un seul cheval.* — Attelée d'un cheval, on la traîne sur le milieu des planches, afin de les aplanir avant le *rayonnage.*

7°. *Dril* de mon invention (1), traîné par un cheval. Il drille trois rangs sur chaque côté des

---

(1) Le *Dril,* comme beaucoup de personnes le savent déjà, sert à déposer les graines en terre en rayons espacés régulièrement. Le mot dril a été traduit par Rayonneur; mais on peut bien le conserver.

planches, de sorte que chacune d'elles, large de cinq pieds et demi, reçoit six rangs de grains éloignés de neuf pouces. Avec ce dril l'on ensemence trois acres par jour. Trois petits socs, en avant de la boîte à semence, ouvrent les sillons destinés à la recevoir. Les deux roues de côté font tourner un axe de fer carré, sur lequel sont fixés les moteurs de la semence avec leurs coupes. La semence est déchargée dans trois conducteurs légèrement suspendus, qui la conduisent dans le sillon. Ils sont immédiatement suivis de quatre petits socs placés à une petite distance derrière les conducteurs, qui couvrent parfaitement la semence à la profondeur que l'on désire. La quantité de semence qui doit descendre dans les sillons est parfaitement réglée par les trois trémies ou divisions de la boîte à semence.

Pour arrêter l'écoulement de la semence, l'on élève de la terre, avec les manches, les deux roues de côté ; et la machine n'est supportée que par la roue de devant à l'extrémité des planches. Avec deux de ces drils, j'ai parfaitement ensemencé plusieurs centaines d'acres. (Voyez *Pl.* II, *fig.* 4.)

8°. *Charrue-racloire.* — C'est une charrue légère, à deux oreilles, sans coutre ; elle est aussi traînée par un seul cheval ; elle suit le dril et complète les planches en creusant davantage les sillons latéraux, destinés à recevoir l'eau de pluie qui coule des bords inclinés des planches.

Ces instrumens sont employés dans l'ordre où ils se trouvent dans la liste précédente. La dépense de chaque opération peut être promptement calculée en estimant la journée d'un cheval à deux shillings six deniers par jour, celle d'un homme à deux shillings, et celle d'un jeune garçon conducteur à six deniers. Ces données, combinées avec l'effet journalier de chaque instrument, sont assez exactes pour calculer la dépense par acre ou pour comparer deux modes de culture.

La dépense pour labourer une acre avec la charrue écossaise peut être calculée ainsi, selon la méthode ci-dessus :

	sh.	d.	f.	c.
Trois chevaux, à deux shillings six deniers..............	7	6 =	9	»
Laboureur, deux shillings six deniers; conducteur, six deniers.	3	» =	3	60
	10	6 =	12	60 [1]

Le petit scarificateur parcourt trois acres par jour. Estimant, comme ci-dessus, le cheval,

____

[1] Pour rendre les calculs comparatifs plus simples, nous porterons toujours la livre sterling à 24 francs, le schelling à 1 franc 20 centimes et le denier ou pence à 10 centimes.

l'homme et le jeune garçon, le total est de cinq shillings ou soixante pences, dont le tiers donne vingt pences pour scarifier ou houer une acre.

La dépense d'un jour du râteau à chaume, pour deux chevaux, un homme et un jeune garçon, est de sept shillings six pences, lesquels, divisés par six acres, donnent quinze pences par acre.

Une paire de deux herses légères, avec deux chevaux et un conducteur, donne dix pences et un demi-penny par acre pour chaque hersage.

La machine à marquer et dresser les planches coûte la même somme que le râteau à chaume, c'est-à-dire sept shillings et six pences; mais comme cet instrument opère sur huit acres par jour, la dépense n'est que de dix pences et un demi-penny par acre.

La dépense d'un jour d'une herse à un seul cheval et d'un jeune garçon est de trois shillings. Elle parcourt six acres par jour, ce qui fait six pences par acre.

Le dril, avec un cheval, un homme et un conducteur, dépense cinq shillings par jour, lesquels, divisés par trois, donnent vingt pences pour le rayonnage ou drillage d'une acre.

La dépense d'un jour de la charrue-racloire, avec un cheval, un homme et un conducteur, est aussi de cinq shillings; mais comme elle opère sur dix acres par jour, chaque acre ne dépense que six pences.

En changeant seulement la position des dents du petit scarificateur, il devient une excellente houe à cheval, et bine trois rayons de froment à raison de trois acres par jour. La dépense est donc la même que celle de la scarification, c'est-à-dire vingt pences par acre.

Les exemples suivans contiennent le sommaire de mes procédés de culture dans l'ordre où ils sont exécutés ; ils montrent la dépense de chaque opération, et la dépense totale de la culture d'une acre.

NOUVEAU SYSTÈME.

EXEMPLE. Ier. — *Procédés et dépense de culture d'une acre de froment sur un champ de trèfle.*

	liv.	sh.	d.	fr.	c.
Un labour avec trois chevaux	»	12	»	=14	40
Un hersage.	»	»	10½	= 1	05
Vingt chars d'argile calcinée.	1	»	»	=24	»
Transport du four au champ.	»	9	»	=10	80
Pour pulvériser et étendre. .	»	2	»	= 2	40
Trois scarifications.	»	5	»	= 6	»
Marquer et former les planches	»	»	10½	= 1	05
A reporter. . .	2	9	9	=59	70

	liv.	sh.	d.		fr.	c.
Report. . . .	2	9	9	=	59	70
Hersage du milieu des planches.	»	»	6	=	»	60
Drillage de la semence. . .	»	1	8	=	2	»
Creusement des sillons des planches..	»	»	6	=	»	60
Deux boisseaux de froment.	1	»	»	=	24	»
Rente et taxes..	1	10	»	=	36	»
TOTAL . . .	5	2	5	=	122	90

Dans ce calcul, la dépense de la pulvérisation et du drillage n'est que d'une livre un shilling cinq deniers. (25 fr. 70 c.)

Des expériences subséquentes ont prouvé que l'on peut se dispenser du labour. Avec deux scarifications de plus, cinq en tout, l'on obtient le même degré de pulvérisation, et la dépense est ainsi réduite à quatre livres treize shillings neuf deniers, parce que les deux scarifications ajoutées seraient de trois shillings quatre pences, lesquels, déduits de douze shillings pour le labour, laissent une différence de huit shillings et huit pences, qui doivent être retranchés de cinq livres deux shillings cinq deniers.

EXEMPLE II. *Une acre de froment sur froment.*

	liv.	sh.	d.		fr.	c.
Deux scarifications du chaume	»	3	4	=	4	»
Râtelage.	»	1	3	=	1	5o
Pour ramasser et brûler. . .	»	4	»	=	4	8o
Dix chars d'argile calcinée.	»	10	»	=	12	»
Charroi.	»	4	6	=	5	4o
Pour pulvériser et étendre. .	»	1	»	=	1	20
Trois scarifications.	»	5	»	=	6	»
Marquer et former les planch.	»	»	$10\frac{1}{2}$	=	1	o5
Hersage du milieu des planch.	»	»	6	=	»	6o
Drillage de la semence . . .	»	1	8	=	2	»
Creusement des sillons des planches.	»	»	6	=	»	6o
Deux boisseaux de froment.	1	»	»	=	24	»
Rente et taxes.	1	10	»	=	36	»
TOTAL. .	4	2	$7\frac{1}{2}$	=	99	15

Ici, la dépense de la pulvérisation de la terre et du semis en rayons est de onze shillings dix deniers et demi. (14 fr. 25 c.)

EXEMPLE III. *Une acre de froment après vesces, fèves ou pois.*

		sh.	d.		fr.	c.
Deux scarifications.	»	3	4	=	4	»
Racler et brûler le chaume et répandre la cendre	»	3	6	=	4	20
Trois scarifications.	»	5	»	=	6	»
A reporter.	»	11	10	=	14	20

(69)

Report. . . .	liv.	sh.	d.		fr.	c.
	»	11	10	=	14	20
Marquer et former les planch.	»	»	$10\frac{1}{2}$	=	1	5
Hersage du milieu des planch.	»	»	6	=	»	60
Drillage de la semence . . .	»	1	8	=	2	»
Creusement des sillons des planches.	»	»	6	=	»	60
Charroi de vingt chars d'argile calcinée.	»	9	»	=	10	80
Pour l'étendre.	»	1	6	=	1	80
Vingt chars d'argile calcinée.	1	»	»	=	24	»
Deux boisseaux de froment.	1	»	»	=	24	»
Rente et taxes.	1	10	»	=	36	»
TOTAL . .	4	15	$10\frac{1}{2}$	=	115	05

La dépense de la pulvérisation du champ et du semis en rayons est de onze shillings dix deniers et demi. (14 fr. 25 c.)

EXEMPLE IV. *Une acre de froment sur pommes de terre.*

	liv	sh.	d.		fr.	c.
Deux scarifications.	»	3	4	=	4	»
Un hersage.	»	»	$10\frac{1}{2}$	=	1	05
Marquer et former les planch.	»	»	$10\frac{1}{2}$	=	1	05
Hersage du milieu des planch.	»	»	6	=	»	60
Drillage de la semence. . .	»	1	8	=	2	»
Creusement des sillons. . .	»	»	6	=	»	60
Deux boisseaux de froment.	1	»	»	=	24	»
Rente et taxes.	1	10	»	=	36	»
TOTAL . .	2	17	9	=	69	30

Ici, la dépense pour pulvériser le sol et semer en rayons est seulement de sept shillings et neuf pences (9 fr. 30 c.); mais il faut observer que les pommes de terre ont été arrachées avec la bêche, et que la terre s'est ainsi trouvée en meilleur état. Comme cette dépense appartient à la récolte de la pomme de terre, celle du froment a diminué d'autant.

EXEMPLE V. *Une acre d'orge ou d'avoine sur froment. — Ancienne méthode du Sussex.*

	liv.	sh.	d.	fr.	c.
Labour.	»	17	6	=21	»
Cinq hersages.	»	4	$4\frac{1}{2}$	= 5	25
Hersage sur la semence . .	»	1	9	= 2	10
Cinq boisseaux de semence.	1	»	»	=24	»
Rente et taxes	1	10	»	=36	»
TOTAL. . .	3	13	$7\frac{1}{2}$	=88	35

Dans ces exemples, la dépense de la pulvérisation du sol et du hersage sur la semence est d'une livre trois shill. sept den. $\frac{1}{2}$. (28 fr. 35 c.)

EXEMPLE VI. *Une acre d'orge ou d'avoine sur froment. — Nouvelle méthode.*

	liv.	sh.	d.	fr.	c.
Deux scarifications du chaume de froment	»	3	4	= 4	»
Râtelage.	»	1	3	= 1	50
A reporter	»	4	7	= 5	50

	liv.	sh.	d.		fr.	c.
Report . . .	»	4	7	=	5	50
Brûler et répandre.	»	4	6	=	5	40
Trois scarifications	»	5	»	=	6	»
Hersage sur la semence. . .	»	»	6	=	»	60
Cinq boisseaux de semence.	1	»	»	=	24	»
Rente et taxes	1	10	»	=	36	»
Total . . .	3	4	7	=	77	50

La dépense de la pulvérisation du sol et du hersage sur la semence est de huit shillings dix deniers. (10 fr. 60 c.)

Exemple VII. *Trèfle et ray-grass parmi de l'orge ou de l'avoine.*

	liv.	sh.	d.		fr.	c.
Rente et taxes	1	10	»	=	36	»
Semaillé et semence. . . .	1	5	»	=	30	»
Total . . .	2	15	»	=	66	»

Dans les précédens exemples de la culture du froment, j'ai distingué la dépense de la pulvérisation du sol et du semis en rayons des autres dépenses, afin qu'on pût facilement comparer l'ancienne et la nouvelle méthode de préparer la terre et de semer.

Si l'on se rappelle le tableau qui a été présenté au chapitre I, page 24, l'on verra que la dépense du labour d'une acre de froment selon l'ancienne pratique du Sussex est de quatre livres trois shillings, auxquelles il faut ajouter une livre et dix shillings pour la rente et les taxes de l'année de jachère : ainsi toute la dépense est de cinq livres et treize shillings par acre. (135 fr. 60 c.)

Selon les quatre précédens exemples de la culture du froment, la dépense de la préparation de la terre et du semis en rayons, par la nouvelle méthode, est ainsi qu'il suit, par acre :

		liv.	sh.	d.		fr.	c.
1. Froment après trèfle et ray-grass, la terre étant labourée une fois.		1	1	5	$=$	25	70
2. Froment après froment	»	11		$10\frac{1}{2}$	$=$	14	25
3. Froment après vesce..	»	11		$10\frac{1}{2}$	$=$	14	25
4. Froment après pommes de terre.	»		7	9	$=$	9	30

Cette comparaison montre qu'il y a une économie évidente de presque cinq livres (120 fr.) par acre dans la nouvelle méthode de préparer la terre et de semer.

Au moyen des scarificateurs sans le secours de la herse et du rouleau, la terre est mieux pulvérisée qu'elle ne peut l'être par la charrue et la herse. Cet effet est produit avec une facilité, une rapidité et une économie que ne comporte pas la

méthode ordinaire de culture. Les champs destinés au froment sont mis en état de recevoir la
semence peu de semaines après la moisson ; au
lieu que dans l'ancienne méthode le quart de la
ferme est généralement laissé improductif pendant une année, avant que la nouvelle récolte
de froment soit mise en terre. Avec ces avantages, auxquels il faut ajouter celui d'un engrais
à vingt shillings par acre, au lieu de sept livres
et dix shillings, il n'est pas étonnant que la différence de dépense entre l'ancienne et la nouvelle méthode soit aussi grande que la comparaison suivante le montrera.

Le détail présenté au tableau du chapitre I,
page 24, prouve que la dépense de la culture
du froment selon l'ancien mode du Sussex est
de seize livres quatre shillings. (388 fr. 8o c.)
Le tableau suivant va montrer quelle est cette
dépense selon le nouveau mode, et le bénéfice
qu'il procure.

EXEMPLES.	TOTAL DE LA DÉPENSE suivant le nouveau Mode de culture, par acre.	BÉNÉFICE PAR ACRE, produit par le nouveau Mode.
	liv. sh. d. fr. c.	liv. sch. d. fr. c.
1. Froment après trèfle.	4 13 9 $=$112 5o	11 10 3 $=$276 3o
2. Froment après froment....	4 2 $7\frac{1}{2}=$ 99 15	12 1 $4\frac{1}{2}=$289 65
3. Froment après vesce.	4 15 $10\frac{1}{2}=$115 5	11 8 $1\frac{1}{2}=$273 75
4. Froment après pommes de terre.	2 17 9 $=$ 69 3o	13 6 3 $=$3,9 5o

Quoique cette comparaison ne s'applique qu'à l'ancienne méthode du Sussex, il est probable qu'elle peut s'étendre à plusieurs autres comtés; car si l'on s'en rapporte à ce qui a été dit en 1813 et 1814 à l'occasion du bill sur le blé, l'on peut croire que la dépense de la culture du froment est généralement très-grande.

M. James Buxton a porté ses dépenses pour la culture d'une acre ainsi qu'il suit :

	liv.	sh.	d.		fr.	c.
En terre forte.	14	2	11	$=$	339	5o
En fond d'argile. . . .	12	14	5	$=$	3o5	3o
En terre légère	17	10	5	$=$	42o	5o

M. John Brodie, du Lothian oriental, a établi
la dépense de la préparation de la terre, pour recevoir la semence, à cinq guinées (1) par acre,
sans y comprendre la rente, qui est de six à sept
livres, et la dépense de la chaux. Ces faits suffiront, je pense, pour démontrer l'immense avantage qui résulterait de l'adoption générale d'un
système de culture aussi économique que celui
que j'ai décrit et que j'exécute avec succès.

La cause principale de la dépense onéreuse
de l'ancien système doit être attribuée à la jachère et à la manière de la disposer à recevoir
la semence. En soulevant avec la charrue des
bandes de terre immenses; en renversant la
terre, et en y ensevelissant ainsi les graines des
plantes nuisibles qui sont tombées à la surface,
l'on établit le fondement de toutes les opérations aussi dispendieuses que laborieuses qui
doivent ensuite être exécutées. Pour éviter tous
ces inconvéniens, nous devons opérer d'une
autre manière : il suffit de briser et d'émietter la
surface du sol à une profondeur convenable ;
de détruire, en les brûlant, les mauvaises
graines de la manière qui a été décrite : la

----

(1) La valeur de la guinée de 21 shillings est de 26 f.
47 centimes.

terre, alors très-nette et complétement pulvérisée, sera en état de recevoir la semence sans
nous soumettre à la perte d'une année de la
rente et des taxes, et cela avec une dépense que
l'on peut regarder comme insignifiante si on la
compare à celle qu'entraîne la jachère.

CHAPITRE QUATRIÈME.

Des avantages de la pulvérisation.

En développant mon nouveau système de culture, j'ai montré 1º. les degrés par lesquels j'ai
été conduit successivement à une très-grande
diminution de dépenses dans la manière d'a-
mender les terres; 2º. les moyens adoptés et ceux
que je propose pour l'entière abolition de la
jachère. Il serait inutile de rien ajouter sur ces
deux objets; mais relativement à la pulvérisation, à la manière de préparer la terre pour la
semence et à la diminution du travail pour cette
préparation, j'ai encore à présenter quelques
observations et quelques idées qui m'ont été
suggérées par des expériences récentes, et qui
me conduiront, je pense, à adopter une manière de pulvériser le sol, plus économique
encore que celle que j'ai décrite.

J'ai signalé, dans le chapitre précédent, les
différens effets du labour profond et du labour

superficiel, et je crois avoir démontré les avantages du dernier; j'ai prouvé qu'en n'engageant
le soc qu'à la profondeur où deux chevaux peuvent facilement labourer, l'on parvenait, en
répétant l'opération, à la même profondeur
avec moitié moins de résistance que si on labourait en une seule fois avec quatre chevaux.

La démonstration que j'ai donnée à la page
57 peut être portée encore plus loin. Supposons, en effet, que les quatre chevaux qui ont
labouré d'un seul trait à la profondeur de six
pouces, en surmontant une résistance de 6×6
$= 36$, soient attelés séparément à quatre charrues légères ou à tout autre instrument, qu'ils
ne labourent qu'à un pouce et demi de profondeur, et répètent quatre fois l'opération, la résistance qu'ils auront surmontée, ou la force
qu'ils auront employée, sera 9 au lieu de 36;
car le carré de $1 \frac{1}{2} = 2 \frac{1}{4}$, lesquels, multipliés par
quatre charrues, donnent 9, ou seulement le
quart de la force employée en labourant à-la-
fois à six pouces de profondeur.

Il est donc évident qu'en labourant à six
pouces de profondeur avec quatre chevaux,
chacun d'eux emploie une force $= 9$, au lieu
qu'en ne prenant qu'une profondeur de $1 \frac{1}{2}$
pouce, la force employée n'est que de $2 \frac{1}{4}$.

Supposons encore qu'en traînant une charrue un cheval développe une force de 160 livres (1), il est évident que la force de quatre chevaux labourant à six pouces de profondeur sera de 640; si on ne les fait labourer qu'à 1 pouce $\frac{1}{2}$ de profondeur, toute la force développée par les quatre chevaux ne sera plus que de 160 livres ou 40 par chacun.

Ce sont ces calculs qui m'ont conduit aux principes sur lesquels ont été construits mes petits scarificateurs. Ils ont quatre dents sur la barre postérieure: je suppose que sur la barre antérieure ils en aient quatre au lieu de trois, chaque scarificateur représentera quatre petites charrues avec quatre socs et quatre coutres. Supposons un cheval attelé à cet instrument, et développant une force de 160 livres, il est

---

(1) *Emerson* affirme qu'un homme d'une force ordinaire peut agir pendant tout un jour contre une résistance de 30 livres. On estime généralement que la force d'un cheval égale celle de cinq ou six hommes; j'ai donc été autorisé à prendre 160 livres pour la mesure de la force d'un cheval. Dans l'ouvrage estimable intitulé : *Nouveau Cours complet d'Agriculture*, la force d'un cheval tirant une charrue est estimée 150 livres françaises.

Le *pound*, ou livre anglaise, équivaut à 453 grammes et 246 milligrammes.

évident qu'elle se répartira sur les quatre paires de dents, et que la portion de chacune sera de 40 livres.

Mais, dans le fait, la force nécessaire pour traîner un scarificateur sera beaucoup moindre que pour quelque charrue que ce soit, parce que les dents, plus minces et plus aiguës qu'un soc, éprouveront bien moins de résistance dans la terre (1).

J'avais souvent observé qu'un petit scarificateur avec un seul cheval, occupant avec ses dents une largeur de vingt-sept pouces, parcourt facilement trois acres par jour, et que cette opération, faite trois fois sur une terre labourable, produit une bonne profondeur de pulvérisation, particulièrement lorsque la terre est un peu ramollie par la pluie : je résolus donc de constater la possibilité d'obtenir sur une acre, dans un seul jour et avec un seul cheval, tout ce que l'on obtient sur une jachère avec quatre labours et la force de vingt chevaux. Le résultat fut que trois scarifications sont suffisantes, sur une terre

____

(1) L'expérience m'ayant démontré qu'un seul cheval peut, sans beaucoup d'effort, traîner le scarificateur, j'ai cru qu'il n'était pas nécessaire de tenir compte, dans mes calculs, de la petite résistance de la terre ameublie à la surface du sol par les trois ou quatre premières scarifications.

légère, pour obtenir un très-bon labour, avec une dépense de cinq shillings par acre. Sur un sol plus compacte, il me fallut, dans l'automne de 1818, la force de 1 $\frac{2}{3}$ cheval pour préparer une acre pour du froment après de la vesce : de sorte que la dépense fut de huit shillings et quatre pences (10 fr.) par acre.

Un champ de deux acres fut destiné à cette expérience. La moitié fut grossièrement labourée, scarifiée deux fois et ensuite hersée ; l'autre moitié fut entièrement préparée avec le petit scarificateur, lequel, après cinq scarifications, produisit un labour aussi fin que le premier. Deux boisseaux de froment par acre furent semés en rayons. Aucune différence entre les deux ne put être aperçue, ni pendant la végétation, ni à la récolte du blé, qui par-tout fut plus beau que celui de mes autres champs : ce qui était d'autant plus surprenant que ce petit champ n'avait reçu aucun engrais après les trois précédentes récoltes. Chaque acre rendit quatre cent soixante gerbes de trente pouces de circonférence, tandis qu'ailleurs je n'en obtins pas plus de trois cent soixante : j'attribue cette supériorité à la très-fine pulvérisation du sol.

Le résultat de cette expérience démontre que la manière la plus économique de préparer la terre pour le froment, après la vesce, les fèves, les pois ou le trèfle, est tout simplement d'employer le scarificateur. On a vu dans le premier exemple, page 65, que lorsque la terre a été labourée et ensuite hersée et scarifiée, la dépense s'est élevée à dix-sept shillings dix pences et un demi-penny (21 fr. 45 c.) (1), et que, par la scarification sans emploi de la charrue, comme dans l'exemple II, l'on obtient un labour aussi profond et le même degré de pulvérisation, sans dépenser plus de huit shillings et quatre pences par acre. (10 fr.)

Aux pages 24 et 72, j'ai prouvé, par des faits qui ne peuvent être contestés, que, dans la vieille culture du Sussex, les fermiers attachés à la jachère supportent l'énorme dépense de cinq livres et treize shillings (135 fr. 60 c.) par acre, pour obtenir un degré de pulvérisation moindre que je ne l'ai obtenu dans le champ dont je viens de faire mention, et que je ne l'obtiens habituellement avec une dépense insignifiante de huit shillings et quatre pences par acre. (10 fr.)

J'ai, en effet, très-peu employé la charrue dans les deux dernières années, et j'ai pu ainsi préparer mes terres beaucoup plus promp-

______

(1) Un labour, o l. 12 sh. o d. ; un hersage, o l. o sh. 10 d. $\frac{1}{2}$; trois scarifications, o l. 5 sh. o d. (21 fr. 45 c.)

tement que ci-devant : ce qui n'est pas un petit avantage; je prévois même, au point où je suis rendu, que bientôt je pourrai n'en faire usage que pour creuser les sillons d'écoulement des eaux, et pour ratisser la terre, afin de la brûler (écobuer): ce qui m'y déterminera sur-tout, c'est que le labour à la charrue est un obstacle aux scarificateurs, au lieu d'en faciliter l'action.

En effet, si les bandes de terre sont adhérentes au sol, les scarificateurs pourront, à la vérité, les briser et les pulvériser; mais si elles en sont détachées, ce qui arrive toujours après un labour récent, elles seront seulement déchirées et déplacées, et le champ sera couvert de longs et grossiers gazons, plus difficiles à atténuer que les mottes de la jachère.

L'idée de cultiver une ferme sans employer la charrue paraîtra sans doute absurde et ridicule: l'on m'accusera d'arrogance et de présomption, pour oser mettre en question la supériorité de la charrue, cet instrument célébré par les poëtes, que l'on est habitué à considérer comme le plus utile qui ait jamais été inventé, et dont on fait usage depuis les siècles les plus reculés. *Locke* dit, en outre, que « l'on doit regarder comme une *insolence*, de la part d'un homme, de rester attaché à sa propre opinion contre le courant du fleuve de l'antiquité; » mais, n'en déplaise à *Locke*, j'avoue que je ne puis apercevoir ni arrogance, ni présomption, ni insolence à se détacher d'opinions et de coutumes, quelque anciennes qu'elles soient, lorsque des faits incontestables prouvent qu'il est utile de le faire.

Au reste, cette manière de cultiver la terre sans charrue n'est pas nouvelle, et ne m'appartient que pour son application à la totalité d'une ferme; elle a été partiellement introduite en Angleterre depuis plusieurs années. M. *Arthur Young*, dans ses conseils pour le froment après les fèves, dit *qu'il serait plus avantageux de recourir au scarificateur qu'à la charrue.* En parlant du froment après la vesce, il dit que la terre *ne doit pas du tout être labourée;* qu'il faut la laisser se raffermir au fond pour que les racines du froment puissent s'y fixer, et que la surface étant *travaillée avec le scarificateur* pour la nettoyer des plantes nuisibles, le froment doit ensuite être semé en rayons *sans employer la charrue.* Je l'ai pratiqué, dit-il, avec succès. — *Calendrier du Fermier, page* 457.

M. *Young* rapporte aussi une singulière expérience de M. *Ducket,* en préparant un champ de trèfle pour le froment. « Il avait un champ où le froment échappait rarement à l'inconvénient de se déraciner. Il le scarifia plusieurs fois, jusqu'à ce qu'il eût arraché le trèfle et obtenu une profondeur de labour suffisante pour semer le froment en rayons. Il ramassa ensuite les fragmens du trèfle, les fit porter dans la cour de sa ferme pour faire du fumier, et drilla le champ. Le froment, trouvant un fond solide dans un sol qui n'avait pas été remué, échappa au mal et donna un grand produit. »

M. *Cook* dit que : « à ses yeux la charrue et la herse n'ont d'autre utilité que de pulvériser convenablement la terre; ce qui peut être obtenu par un usage convenable du scarificateur en moitié moins de temps, et avec moitié moins de dépense. »

M. *Bosc*, écrivain français sur l'agriculture, dit qu'il y a des fermiers qui sèment leurs turneps, leur blé noir, leurs vesces et autres grains sur des terres préparées avec le binot (1) ou la

____

(1) Sir *John Sinclair*, dans ses *Notices sur les Pays-Bas*, a donné une gravure du binot. Sous quelques rapports, dit-il, il ressemble à une charrue à double soc. Avec cet instrument la terre n'est point retournée, et les graines ne sont point enfouies. Les effets de cet instrument ressemblent à ceux du petit scarificateur; mais il exige un plus grand emploi de force.

herse. *Quelle économie, dit-il, présente ce mode de culture! En outre, lorsque la terre est ainsi constamment couverte de plantes, elle sent moins l'effet des pluies battantes.*

Je pense que ces citations et ces opinions, entièrement conformes à mon expérience, serviront à mettre en évidence l'immense utilité du scarificateur, et justifieront assez mon opinion sur la *possibilité de cultiver une ferme sans employer la charrue.*

J'ai fait dernièrement une expérience pour constater à quelle profondeur pourrait pénétrer un scarificateur traîné par un seul cheval. Le sol était compacte, et avait été préalablement labouré grossièrement à la surface et deux fois scarifié; après avoir reçu six scarifications de plus, les dents avaient pénétré dans la terre de toute leur longueur, c'est-à-dire, à dix pouces. Ainsi, la principale objection des fermiers de mon voisinage contre un instrument si léger fut complétement réfutée. En effet, j'avais obtenu, après huit scarifications avec un seul cheval, et à moindres frais, un labour plus profond qu'on ne peut l'obtenir avec quelque charrue que ce soit, traînée par quatre chevaux.

Pour produire, en terre forte, un labour suffisamment profond, je suppose que, dans quelques cas, six scarifications soient nécessaires,

La dépense de toutes ces opérations n'excéderait pas dix schillings, puisque l'on n'emploierait que deux journées du scarificateur, à cinq schillings par jour pour le travail d'un homme, d'un enfant et d'un cheval : de cette manière, une acre de terre est parfaitement pulvérisée par le travail de deux chevaux pendant une journée. La terre aurait de plus, après ces six scarifications, l'avantage d'être légère et poreuse, et dans l'état le plus favorable pour permettre à l'air atmosphérique de s'introduire entre ses molécules, pour permettre à la pluie et aux rosées de s'y distribuer uniformément, et de procurer aux racines la facilité de s'étendre et de pénétrer dans les plus petites cavités.

Bien différente serait une surface couverte de mottes après trois ou quatre labours. Peut-être pourrait-on espérer quelques légers bienfaits de l'atmosphère à la fin de la jachère après le dernier labour, le dernier hersage et le dernier roulage; mais jusqu'à la fin de ces opérations, la forte cohésion des mottes s'opposerait absolument à l'introduction de l'air et de l'humidité. Ces réflexions se présentèrent à moi l'été dernier, lorsque, vers la mi-août, j'examinais plusieurs champs en jachère d'une terre forte, couverts de très-grosses mottes en-

tre-mêlées de chardons et de plusieurs autres
plantes parasites. Le seul avantage que l'on pût
espérer de cette sorte de jachère paraissait con-
sister dans la destruction des plantes-mères,
dont plusieurs, enracinées dans les mottes, de-
vaient sans doute être détruites par la chaleur
et la sécheresse. A cette époque, plusieurs graines avaient germé dans les intervalles des mottes, et poussaient vigoureusement ; mais le plus
grand nombre, enseveli dans l'intérieur des
mottes, était destiné à germer et à croître avec
le froment, et à partager avec lui tous les avantages de la jachère.

Tull pensait que la terre ne peut être trop
divisée par les labours, et qu'elle doit devenir
d'autant plus riche, qu'elle sera plus fine. J'ai
été témoin, dit-il, d'un grand nombre de faits
qui confirment cette opinion, au point que je
ne doute pas du tout qu'elle ne peut jamais
être trop atténuée par les labours.

Que la terre soit très-améliorée par la pulvérisation et par son exposition à l'atmosphère,
c'est un fait bien connu ; mais que, par la pulvérisation, elle puisse produire successivement
plusieurs bonnes récoltes sans fumier, c'est
un point que je n'ai pas suffisamment constaté. Cependant le résultat de deux petites ex—

périences que j'ai faites à Sainte - Hélène me porte à croire que les effets de l'atmosphère sur la végétation sont beaucoup plus grands qu'on ne le pense communément.

Ces expériences furent faites en 1810, pour constater s'il y avait de l'avantage à labourer fréquemment la terre. Je choisis un sol ingrat, où la terre était composée d'une argile brun pâle, dont une partie était dénuée de toute pro-duction, et l'autre n'avait produit que quelques graminées de la plus grossière espèce. Un es-pace de deux rods en longueur et un en lar-geur fut choisi pour les expériences et divisé en deux parties égales. Le N°. 1er. fut rompu, le 11 décembre, par le tranchant de la bêche, à la profondeur de dix à douze pouces, et de-puis ce jour jusqu'à celui où il fut ensemencé, c'est-à-dire jusqu'au 23 février 1811, il fut, à des intervalles égaux, labouré et retourné cinq fois. Une moitié fut ensemencée en pommes de terre, et l'autre en orge. Le N°. 2 ne fut labouré qu'une fois, et fut ensemencé absolument de la même manière.

La fréquence des labours, et soixante-treize jours d'exposition à l'air, avaient rendu la terre du N°. 1er. beaucoup plus brune que celle du N°. 2 ; l'orge et les pommes de terre qu'il avait produites étaient infiniment supérieures à celles du N°. 2, au point que le 22 avril, c'est-à-dire le dernier jour où j'ai pu être témoin de cette expérience, les touffes d'orge étaient au moins cinq ou six fois plus volumineuses.

Il résulte évidemment de cette expérience que la supériorité du N°. 1er. ne peut être attribuée qu'au libre accès, dans une terre bien pulvérisée, des divers principes nutritifs dont l'atmosphère abonde pour favoriser la végétation (1). L'infériorité du produit du N°. 2 nous prouve aussi que, lorsque la chose est praticable sans trop retarder les travaux de la ferme, il faut donner à la terre le temps de s'imprégner de ces principes de fertilité, avant de lui confier les semences.

---

(1) L'idée que l'air fournit des engrais à la terre peut sembler chimérique à plusieurs de mes lecteurs. Il n'en est pas moins prouvé, par la raison et l'expérience, que l'atmosphère est remplie de substances réelles et matérielles, lesquelles, quoique trop subtiles pour affecter nos sens, fournissent aux plantes leur aliment le plus substantiel, et sans lesquelles tout le règne végétal languirait et finirait par s'anéantir. D'où viennent ces substances et comment se renouvellent-elles de temps en temps? Ce sont des questions auxquelles il ne serait pas impossible de répondre. (Voyez *Chimie appliquée à l'agriculture*, par *M. le comte Chaptal.*)

Les circonstances ne permettent pas toujours d'attendre ; mais alors une parfaite pulvérisation peut suppléer au temps, et produit promptement les mêmes avantages, qui continuent à être reproduits successivement par les binages que l'on fait entre les rayons de blé. Ainsi, l'imprégnation ou l'absorption des principes bienfaisans de l'atmosphère marche concurremment avec la végétation. Je pense, en un mot, qu'une complète pulvérisation produit autant et plus d'effet que les engrais. *Jéthro Tull* pense qu'elle en produit plus que le fumier commun, et cette opinion paraît confirmée par des expériences.

« Je puis montrer, dit-il, une des expériences que j'ai recommandées, qui, quoiqu'elle ait été faite sur moins de deux perches, convaincra tout homme qui ne voudra pas fermer les yeux à l'évidence, *que la pulvérisation par les instrumens surpasse de beaucoup les avantages du fumier commun.* »

Cette opinion d'un agriculteur si célèbre correspond avec les résultats de mon expérience N°. 1er., et tend à confirmer celle que j'ai déjà manifestée, « que je doutais si une grande partie de l'effet produit en apparence par les matières calcinées ne devait pas être plutôt attribuée *à l'extrême finesse à laquelle étaient*

réduites les molécules du sol par les instrumens
d'une faible puissance (1). »

Je recommande donc à ceux qui essaieront
d'employer comme engrais les terres calcinées,
de bien pulvériser le sol avant de les y étendre
et de les pulvériser elles-mêmes ; car leur effet
sera d'autant plus grand, que leurs molécules
seront plus fines. J'en ai eu la preuve convain-
cante en observant les progrès de plusieurs de
mes premières expériences. Chaque fois que je
les examinais, j'étais de plus en plus convaincu
de l'efficacité de l'argile calcinée comme engrais ;
et c'est ce qui me décida à porter de suite ma
culture de froment de quatre rods carrés à plus
de vingt acres.

Sur une telle échelle de culture, le succès fut

---

(1) M. *Bosc*, déjà précédemment cité, considère la
charrue comme le pire des instrumens pour les terres
fortes.

» Sont-ils laboureurs, dit-il, ces conducteurs de charrues qui retournent des mottes d'un pied de large sur deux
ou trois de long, et un demi d'épaisseur ? Non ; ce n'est
qu'en multipliant les coutres, les sillons ; en choisissant
la charrue la plus propre à émietter la terre, qu'on peut
dire avoir rempli son objet ; et encore, malgré toutes ces
précautions, le labour à la charrue sera toujours le plus
mauvais, au moins dans les terres fortes. »

égal à celui de mes expériences. Le froment me rendit douze fois la semence, c'est-à-dire trente trois pour cent de plus qu'à mes voisins, dont le produit commun n'est que de huit pour un, ou vingt boisseaux pour deux et demi, et souvent pour trois, semés à la volée.

On doit bien supposer que ce succès augmenta ma confiance. L'année suivante, j'étendis ma culture de froment sur la moitié de mes terres labourables. La récolte fut excellente, et je suis persuadé que, par le moyen d'une fine pulvérisation et des terres calcinées, j'aurais pu continuer ma culture de froment dans la même proportion, si d'autres considérations ne m'eussent retenu. Une forte objection contre ce mode d'aménagement est que le travail de la ferme ne serait pas assez divisé ; qu'il y aurait une trop grande presse immédiatement après la moisson, et une demande disproportionnée, pour l'emploi des attelages, dans les mois du printemps. C'est par ce motif que j'ai préféré une rotation de quatre années, parce qu'un quart de la terre, semé en trèfle, reste en repos, les trois autres quarts étant cultivés. Cette division diminue le travail, qui est distribué d'une manière égale entre les labours d'hiver et ceux du printemps.

Les quatre expériences dont il est fait men-

tion à la page 37 méritent une attention parti-
culière, parce qu'on peut les considérer comme
la source de ma méthode actuelle de culture.
Pendant que j'en surveillais l'exécution, le vent
soufflant violemment du nord pendant qu'on
répandait l'argile calcinée avec une pelle, une
portion de poussière fut portée vers le midi,
au-delà de la limite des expériences, sur un espace non fumé. Cette circonstance fut notée et
consignée dans mon journal. Aussitôt que le
froment fut levé, j'observai une amélioration
sensible dans la partie où la poussière était
tombée. Cette amélioration devenant graduel-
lement plus visible, je me souvins de ce que
j'avais lu du plâtre en poudre, et je puis assurer qu'elle était plus grande qu'elle n'aurait
pu l'être par une égale quantité de chaux; ce
qui fut reconnu par les fermiers les plus intelligens. L'effet de la poussière fut prononcé sur
trois récoltes successives, de sorte qu'une circonstance purement accidentelle a prouvé clairement que l'argile calcinée est un meilleur
engrais que le fumier pourri (1). En effet, sur la

----

(1) L'argile calcinée ne peut, dans aucun cas, être ap-
pelée engrais; car elle ne fournit aucun humus à la terre,
et sans humus il n'y a pas de fertilité : c'est un amendement.   (*Note de M.* Bosc.)

partie de ce champ qui entourait le sol des expériences, et qui avait été fumée, la seconde récolte fut mauvaise, et la troisième pire encore. Au contraire, dans le terrain, des quatre expériences, amendé par dix, vingt, trente et quarante chars d'argile calcinée, la troisième récolte fut supérieure aux deux premières. Cette amélioration progressive, sur un sol qui devait être épuisé par deux récoltes précédentes, vient sans doute de ce que des fragmens d'argile calcinée, qui n'avaient pas d'abord été assez divisés, le furent davantage par les labours suivans, et furent, en outre, incorporés à la terre d'une manière plus intime.

Quoique mes expériences aient été nombreuses, il reste cependant à constater plusieurs points importans, entre autres l'effet de l'argile et des autres terres calcinées et réduites en poussière, comparé à celui d'une pareille quantité de chaux également pulvérisée. S'il était égal, et je crois qu'il serait supérieur, quelle heureuse découverte pour l'agriculture! Combien la propriété territoriale acquerrait de valeur, si l'on pouvait se dispenser d'employer la chaux par-tout où elle est trop chère! Si des millions de chars de paille entassés dans les fosses à fu-

mier (1) étaient appliqués à l'emploi plus utile
de nourrir les animaux, je n'exagère pas en
disant que, par de tels changemens et par la
substitution des terres calcinées à la chaux, la
valeur de la propriété territoriale serait augmentée de plusieurs millions sterling. J'ai employé ces matières sur le blé, les pommes de
terre, le houblon et les prairies, par-tout elles
ont produit de très-bons effets. Je suis donc persuadé qu'en en combinant l'usage avec celui de
semer en rayons, l'agriculture anglaise serait portée à un degré de prospérité que l'imagination
de nos financiers ne s'est jamais représenté (2).

---

(1) Cette pratique est inconnue dans l'Inde, et je pense
aussi à la Chine et dans plusieurs autres contrées. Lord
Kames disait avec raison, il y a quarante ans, qu'un fermier économe ne doit jamais prodiguer sa paille en la
jetant sur le fumier; qu'il doit se pourvoir, pendant
l'hiver, d'un supplément de bestiaux pour consommer
celle qui ne peut l'être par les bêtes de travail. Ces animaux, placés dans une étable, sauvent la paille qui serait
perdue; les bestiaux y sont plus régulièrement nourris,
et leur urine peut être recueillie, au lieu que dans une
cour de ferme tout ce qui n'en tombe pas sur le fumier est
perdu.

(2) L'action de la chaux sur la terre est bien connue;
elle rend sur-le-champ soluble l'humus qui en fait partie
et qui ne le serait devenu que les années suivantes. Il résulte donc de son emploi que le présent s'enrichit aux
dépens de l'avenir; ce qui est un grand mal. La théorie

L'emploi de l'argile calcinée pour fertiliser la terre a été introduit en Angleterre et en Écosse vers 1730, et cette matière fut jugée dès-lors préférable à la chaux et au fumier; mais le mode de calcination employé pendant long-temps semble l'avoir rendue trop dispendieuse. Aujourd'hui que cette objection est écartée, il faut espérer que l'exemple de MM. *Curwen, Boyd,* sir *H.-M. Vavasour,* M. *Craig,* et plusieurs autres, deviendra général dans le royaume. Je suppose cependant que la lenteur de ses progrès jusqu'à ce jour vient de quelques défauts dans la calcination, ou de quelque négligence dans la pulvérisation, soit du sol, soit de l'argile brûlée. Il est évident, en effet, que si le sol est grossier et couvert de mottes; si l'argile calcinée est employée en larges fragmens, l'on ne doit pas espérer la dixième ni même la vingtième partie de l'effet qu'elle produirait si le sol et l'argile étaient bien pulvérisés et mélangés (1).

---

de l'action de l'argile calcinée n'est pas connue; je sollicite des expériences pour nous l'apprendre.

(Note de M. Bosc.)

(1) Le mélange intime du fumier avec la terre est une condition essentielle pour la végétation. Pour qu'il s'opère, le sol doit être bien pulvérisé, et le fumier divisé jusqu'en ses particules les plus déliées. (*Le Gentilhomme fermier; par lord Kames,* page 389.)

CHAPITRE CINQUIÈME.

Comparaison de l'ancienne et de la nouvelle méthode de culture.

En décrivant un système de culture différant en plusieurs points de la pratique commune, il m'a semblé que je devais sur-tout présenter une histoire circonstanciée de mes progrès depuis mes premières tentatives jusqu'au moment actuel, afin que l'on pût voir que la méthode que j'ai adoptée était fondée sur des faits positifs qui résultent de ma propre expérience. Mais en considérant la difficulté de faire des prosélytes à un système de culture absolument nouveau; en réfléchissant sur les préjugés qui tiennent les cultivateurs si fortement attachés aux anciennes pratiques, j'ai pensé, en outre, qu'il serait utile à mon plan de m'appuyer sur l'autorité de plusieurs écrivains recommandables, capables, par leur expérience et leurs opinions, de rendre plus évidentes les conséquences qui résultent naturellement des faits que j'ai établis. C'est dans cette intention que j'ai ajouté à mon récit quelques notes assez courtes, qui jetteront sur le tout plus de lumières.

7

Elles seront utiles sur-tout pour les hommes entichés de leurs préjugés, pour ceux qui sont enclins à disputer jusqu'à l'évidence des faits les plus positifs.

Les personnes judicieuses penseront différemment; elles jugeront qu'un seul fait bien établi vaut mieux que des milliers de raisonnemens; qu'un nouveau système de culture, spécialement fondé sur des faits, ne doit pas être rejeté, uniquement parce qu'elles ne le connaissent pas; elles seront assez généreuses pour ne pas le condamner sans en avoir fait l'essai.

Mon plus grand désir est que toutes les parties de ce système soient soumises à l'épreuve de l'expérience. Que l'on fasse des essais comparatifs de l'argile calcinée et des autres engrais, de la jachère et de la culture alternative continue, de la charrue et de la herse, et du scarificateur; en un mot, qu'avant de prononcer, l'on oppose des faits à des faits, et non des opinions et de simples assertions, et j'ose croire que le résultat sera de la plus haute importance pour les intérêts agricoles de notre pays.

J'eus, il y a quelque temps, un entretien sur la jachère avec un propriétaire qui fait valoir son propre domaine. Je le trouvai très-partisan

des labours grossiers et des grosses mottes,
ainsi que de l'engrais des terres par le fumier.
Il avait, à la vérité, fait quelques tentatives
pour supprimer la jachère ; mais il me dit qu'il
était très-content d'y revenir, attendu que c'était
le seul moyen de nettoyer sa terre.

Je lui répondis que j'avais été plus heureux
que lui, mais que ma méthode différait essentiellement de la sienne ; que je n'enterrais pas
comme lui les mauvaises graines tombées sur
la terre à la récolte précédente ; que la surface
du sol n'était point retournée, mais simplement
brisée par mes instrumens ; que le chaume et
les racines des plantes nuisibles étaient arrachés par ces mêmes instrumens, puis râtelés
avec les graines et une partie du sol, ensuite
brûlés, et leurs cendres répandues ; que, par ces
moyens et la culture en rayons, mes champs
étaient plus nets et mes récoltes bien meilleures
que ci - devant, après la grande dépense de la
chaux et de la jachère.

Ceux qui enterrent les mauvaises graines par
un labour profond ne font pas attention que,
par cette imprévoyance, ils s'exposent à de
grands travaux et à de grandes pertes ; qu'ils
s'imposent eux-mêmes la nécessité de la jachère,

comme le seul moyen de détruire la progéniture de ces graines qu'ils ont imprudemment déposées dans le sein de la terre. Au contraire, si le chaume et ses racines, ainsi que la couche superficielle de la terre qui contient les graines, étaient ramassés et brûlés, il est naturel de supposer que le sol serait aussi bien nettoyé par ce moyen que par la jachère d'été ; l'on aurait de plus l'avantage d'une assez grande quantité de cendre. Peut-être même cette opération de brûler contribue-t-elle à prévenir la rouille et la carie ; maladies dont mes blés n'ont jamais été affectés.

Ma méthode de brûler le chaume semble être un perfectionnement de la pratique de M. *William Curtis*, décrite dans le IVe. volume des *Communications au Bureau d'agriculture.* Ce procédé était connu des Romains du temps de *Virgile*, qui le décrit ainsi au livre Ier. de ses *Géorgiques* :

Sæpe etiam steriles incendere profuit agros ,
Atque levem stipulam crepitantibus urere flammis ;
Sive inde occultas vires et pabula terræ
Pinguia concipiunt ; sive illis omne per ignem
Excoquitur vitium , atque exsudat inutilis humor ;
Seu plures calor ille vias et cæca relaxat

Spiramenta, novas veniat quâ succus in herbas :
Seu durat magis, et venas adstringit hiantes;
Ne tenues pluviæ rapidive potentia solis
Acrior, aut Boreæ penetrabile frigus adurat (1).

Pour ceux de nos lecteurs auxquels la langue latine ne serait pas familière, nous joindrons ici la traduction de *Delille* :

Cérès approuve encor que des chaumes flétris
La flamme, en pétillant, dévore les débris :
Soit que les sels heureux d'une cendre fertile
Deviennent pour la terre un aliment utile ;
Soit que le feu l'épure et chasse le venin
Des funestes vapeurs qui dorment dans son sein ;

----

(1) On voit, dans ce passage des *Géorgiques*, que *Virgile* attribue au feu une grande influence sur la végétation. L'opinion de ce grand poète est partagée par plusieurs modernes, et je recommande à ce sujet la lecture d'un mémoire de M. *Richard Peters*, président de la Société d'Agriculture de Philadelphie, que j'ai traduit et fait insérer au tome II des *Annales d'Agriculture*, 2e. série, page 382 et suivantes. Cette opinion, à l'appui de laquelle on pourrait citer un grand nombre de faits, mérite d'être examinée et soumise à une suite d'expériences directes. C'est peut-être au feu seul que la terre calcinée doit la propriété fertilisante que l'auteur lui attribue.

(Note du traducteur.)

Soit qu'en la dilatant par sa chaleur active,
Il ouvre des chemins à la sève captive;
Soit qu'enfin resserrant les pores trop ouverts
D'un sol que fatiguait l'inclémence des airs,
Aux froides eaux du Ciel, au souffle de Borée,
Au Soleil dévorant il en ferme l'entrée.

Le chaume de M. *Curtis* avait été coupé à la hauteur de huit pouces; il fut complétement brûlé. « Cette opération, dit-il, détruisit toutes les plantes parasites avec les mauvaises graines, et la terre fut couverte de cendres. » La conséquence fut que sa récolte de froment fut très-bonne, puisqu'elle produisit quatre *quarters* par acre. De plus, la *terre fut nettoyée, d'une manière frappante, des plantes parasites*.

Quoique j'en aie dit assez pour démontrer les avantages inappréciables qui résulteraient de la découverte des erreurs en agriculture, et de l'amélioration des méthodes par-tout où le besoin s'en fait sentir, ces avantages seront cependant encore rendus plus évidens par les tableaux comparatifs que je vais présenter, dans lesquels on verra la différence des dépenses entre les deux modes de culture.

Je suppose deux fermes dont chacune contient cent acres de terres labourables; qu'elles sont l'une et l'autre soumises à un assolement de quatre années, et par conséquent divisées en quatre portions égales ; que l'une est cultivée selon l'ancienne méthode du Sussex, et l'autre selon celle que j'ai adoptée. Je ne parle point des prairies et des pâturages, parce que je les suppose de la même étendue et de la même qualité dans les deux fermes, et que d'ailleurs il est inutile de les prendre en considération dans le calcul dont je m'occupe.

Par la même raison, je ne porte point en dépense l'intérêt des capitaux et quelques articles accidentels, ni en recette la paille que je suppose couvrir la dépense de la moisson et du battage. Les comparaisons sont bornées aux dépenses de culture et à la valeur annuelle des récoltes. La différence entre ces dépenses et la valeur des récoltes présente le bénéfice présumé avec assez d'exactitude pour donner une idée générale des deux modes de culture.

Tableau de l'ancienne méthode du Sussex. N°. I.

PLANTES cultivées.	NOMBRE d'acres.	DÉPENSE de culture par acre.			DÉPENSE de la culture de 25 acres.			VALEUR annuelle des récoltes de 25 acres.		DIFFÉRENCE OU PROFIT OU PERTE.		
		l.	sh.	d.	l.	sh.	d.	l.	l.	l.	sh.	d.
1. Jachères...	25	»	»	»	»	»	»	»	»	»	»	»
2. Froment...	25	16	»	»	400	»	»	à 10	250	150 (1)		
3. Avoine....	25	3	13	6	91	17	6	à 7	175	83	2	6
4.Trèfle et ray-grass.	25	2	15	»	68	15	»	à 5	125	56	5	»
	100	22	8	6	560	12	6		550	10	12	6

Produit moyen par acre, 5 liv. 5 sh. à 5 liv. 10 sh.

RÉDUCTION EN FRANCS DU TABLEAU CI-DESSUS, N°. I,
ANCIENNE MÉTHODE DE SUSSEX.

PLANTES cultivées.	NOMBRE d'acres.	fr.	c.	fr.	c.	fr.	fr.	fr.
1. Jachères...	25	»	»	»	»	»	»	»
2. Froment...	25	384	»	9,600	»	à 240	6,000	3,600 (1)
3. Avoine....	25	88	20	2,205	»	à 168	4,200	2,195
4.Trèfle et ray-grass	25	66	»	1,650	»	à 120	3,000	1,350
	100	538	20	13,455	»		13,200	255

Produit moyen par acre, 126 fr. à 132 francs.

(1) Perte sur le froment.

En cultivant d'une manière si dispendieuse, le fermier est généralement en perte; il ne pourrait vivre ni payer la faible rente de quinze shillings par acre et la taxe des pauvres, sans le profit qu'il tire de ses prairies et pâturages, de ses bois taillis, de ses plantations de houblon, de sa laiterie, de ses élèves de bestiaux, et de la pension de soixante ou quatre-vingts moutons des marais de Romney et autres lieux, qu'il fait pâturer pendant trente-deux semaines de l'année, à six ou sept shillings par tête. Le résultat de ce tableau de dépenses de culture et de valeur des récoltes s'accorde avec celui qui est présenté dans l'*Adresse* du docteur *Worthington* aux fermiers de la Grande-Bretagne, publiée en 1810. « Dans certaines circonstances malheureuses, leur dit–il, vous perdez sur vos terres en labour; vous vous maintenez uniquement par votre laiterie, et la vente de vos élèves de bêtes à cornes, de vos poulains et de vos moutons. »

Tableau de la nouvelle méthode. Nᵒ. II.

PLANTES cultivées.	NOMBRE d'acres.	DÉPENSE de culture par acre.	DÉPENSE de la culture de 25 acres.	VALEUR annuelle des récoltes de 25 acres.	DIFFÉRENCE ou PROFIT.
		l. sh. d.	l sh. d.	l.	l. sh. d.
1. Vesces, fèves ou pois....	25	5 » »	125 » »	à 8 200	75 » »
2. Froment.....	25	5 » »	125 » »	à 10 250	125 » »
3. Avoine, orge.	25	3 13 6	91 17 6	à 7 175	83 2 6
4. Trèfle et ray-grass......	25	2 15 »	68 15 »	à 5 125	56 5 »
	100	16 8 6	410 12 6	750	339 7 6

Valeur moyenne du produit par acre, 7 l. 5 sh. ou 7 l. 10 sh.
Profit moyen par acre, 3 l. 7 sh. 10 $\frac{1}{2}$ d.

RÉDUCTION EN FRANCS DU TABLEAU CI-DESSUS, Nᵒ. II,
NOUVELLE MÉTHODE.

PLANTES cultivées.	NOMBRE d'acres.	fr. c.	fr. c.	fr. fr.	fr.
1. Vesces, fèves ou pois. ...	25	120 »	3,000 »	à 192 4,800	1,800
2. Froment.....	25	120 »	3,000 »	à 240 6,000	3,000
3. Avoine, orge.	25	88 20	2,205 »	à 168 4,200	1,995
4. Trèfle et ray-grass......	25	66 »	1,650 »	à 120 3,000	1,350
	100	394 20	9,855 »	18,000	8,145

Valeur moyenne du produit de l'acre, 174 fr. à 180 fr.
Profit moyen, par acre, 81 fr. 45 c.

Selon cette nouvelle méthode, un fermier payant la faible rente de quinze shillings (18 fr.)

par acre et les taxes gagnerait trois cent trente-
neuf livres sterling sept shillings six deniers
(8,145 fr.), sur cent acres divisées en quatre
soles, et il tirerait, de plus, de ses prairies, pâtures, bois, houblon, laiterie, élèves de bestiaux,
nourriture de moutons, les mêmes bénéfices que
les fermiers qui pratiquent l'ancienne méthode
du Sussex.

Il résulte de cette comparaison qu'en suivant l'ancienne méthode, le fermier perd dix livres sterling douze shillings six deniers (255 fr.)
sur ses terres labourables; au lieu qu'en suivant
la nouvelle méthode il gagnerait trois cent
trente-neuf livres sterling sept shillings six deniers (8,145 fr.) sur cent acres, ou trois livres
sterling trois shillings sept deniers et demi (76 fr.
15 c.) par acre.

Cette grande différence dans les résultats des
deux méthodes vient presque uniquement des
énormes dépenses occasionnées par la jachère
et la chaux; mais comme celles-ci n'appartiennent pas exclusivement à la récolte du froment, et qu'elles contribuent aussi à préparer
la terre pour les récoltes d'avoine et de trèfle,
il convient d'en examiner l'effet général sur les
trois récoltes, en prenant en considération la
dépense et le produit de quatre acres de terre,
selon chacune des méthodes.

Culture de quatre acres selon l'ancienne méthode. N°. III.

	DÉPENSES de culture.				VALEUR du produit.			
	liv.	sh.	d.	fr. c.	liv.	sh.	d.	fr. c.
Jachère........ 1 acre	....			....	....			......
Froment....... 1	16	»	»	384 »	10	»	»	240 »
Avoine et orge. 1	3	13	6	88 20	7	»	»	168 »
Trèfle et ray-grass 1	2	15	»	66 »	5	»	»	120 »
	22	8	6	538 20	22	»	»	528 »

Ici la dépense excède le produit.

Nouvelle Méthode. N°. IV.

	DÉPENSE de culture.				VALEUR du produit.			
	liv.	sh.	d.	fr. c.	liv.	sh.	d.	fr. c.
Vesces, fèves, pois 1 acre	5	»	»	120 »	8	»	»	192 »
Froment........ 1	5	»	»	120 »	10	»	»	240 »
Avoine et orge... 1	3	13	6	88 20	7	»	»	168 »
Trèfle et ray-grass. 1	2	15	»	66 »	5	»	»	120 »
	16	8	6	394 20	30	»	»	720 »

Par cette méthode, on obtient un profit de 13 liv. 11 sh. 6 d. (325 fr. 80 c.) sur 4 acres, ou 3 liv. 7 sh. 10 1/2 d. (81 fr. 45 c.) par acre.

Comme il est prouvé que l'ancienne méthode ne donne aucun profit, et qu'au contraire la nouvelle en produit un de treize livres sterling onze shillings six deniers (325 fr. 80 c.) sur une rotation de quatre récoltes sur quatre acres, l'on doit en conclure que le fermier qui adopterait le nouveau système pourrait donner gratuitement aux pauvres tout son froment, et cependant devenir encore plus riche que celui qui prodigue son travail et son argent dans les dépenses extravagantes de l'autre système.

Dans les tableaux précédens, les dépenses de culture sont estimées selon ce qui se pratique journellement, et conformément à ce qui a été établi dans le III⁰. chapitre. Je dois cependant faire observer que, dans les tableaux de la nouvelle méthode, la dépense est plutôt trop forte que trop faible, et que par conséquent le profit est évalué un peu moindre qu'il ne devrait l'être.

La valeur des récoltes étant supposée la même dans les deux méthodes, il est indifférent qu'elle soit plus ou moins estimée, puisque le résultat est le même.

La comparaison des tableaux nᵒˢ. I et II démontre que l'amélioration résultant de l'abolition de la jachère, de l'emploi d'un engrais moins cher, de la diminution de la quantité du travail des animaux, sur une étendue de cent acres, produit un bénéfice de trois cent cinquante livres sterling (8,400 fr.) par année, ou trois livres sterling dix shillings (84 fr.) par acre; par conséquent, les terres labourables qui, dans mon voisinage, sont louées quinze shillings (18 fr.) par acre, donneraient, sous une meilleure culture, une rente plus élevée au propriétaire; tandis que le fermier, tout en vendant ses denrées à meilleur marché, aurait encore plus de bénéfice qu'il n'en a aujourd'hui.

Il est impossible de prévoir jusqu'où ce système économique de culture pourrait s'étendre; supposons cependant que, dans tout le royaume, il soit appliqué à dix millions d'acres de terres labourables, l'effet d'un tel changement serait une addition de trente-cinq millions sterling (huit cent quarante millions de francs) aux produits de l'agriculture, et, par conséquent, à la richesse nationale.

CHAPITRE SIXIÈME.

Conclusion.

J'ai fait connaître mes divers procédés de culture. J'ai montré que les principes en sont établis sur la base solide des faits que j'ai observés dans le cours de mes expériences et de ma pratique; et comme le résultat de quatre années de rotation, comparé avec celui de l'ancienne culture, surpasse même ce que j'en attendais, il est naturel que je désire ardemment que rien ne manque de ce qui pourra faciliter les essais que d'autres voudront faire de ma méthode. Je n'hésite pas à répéter que si le système de culture que j'ai adopté était généralement suivi dans les cantons auxquels il peut convenir, et il peut convenir à tous, au moins pour les instrumens, il favoriserait singulièrement les progrès de l'agriculture et l'accroissement de ses produits.

Je me suis borné jusqu'ici à rendre compte du progrès de mes opérations ; je vais maintenant exposer, dans son ensemble, le plan de culture que j'exécute sur une ferme composée de cent douze acres trois quarts de terre labourable, huit en houblon, cent trois $\frac{3}{4}$ en prairies et pâtures, et soixante-quatorze trois quarts en bois taillis : total, deux cent quatre-vingt-dix-neuf acres trois quarts.

Le sol de cette ferme est généralement compacte, abondant en argile retenant l'humidité à la surface. Lorsqu'il est desséché par les chaleurs de l'été, il devient aussi dur que de la brique, et par conséquent imperméable à la charrue, à moins de lui appliquer un grand développement de la force animale, l'usage étant sur-tout de labourer profondément. J'ai cependant montré, dans le IVe chapitre, que cette terre, toute revêche qu'elle est, cède à la force irrésistible de la persévérance, et qu'en répétant les opérations du scarificateur traîné par un seul cheval, l'on obtient promptement, et avec très-peu de dépense, une pulvérisation parfaite.

Les terres de cette nature sont généralement supposées peu favorables aux turneps; et, en effet, tous les essais que j'en ai faits jusqu'ici ont été sans succès. Ce motif m'a fait préférer les vesces d'hiver et d'été, les fèves, les pois et les pommes de terre, comme récoltes vertes. Ces plantes réussissent bien, et peuvent précéder immédiatement le froment, pour lequel j'ai trouvé qu'elles préparaient très-bien la terre. Chacune d'elles remplace la jachère, et on les sème avec très-peu de dépense et sans employer la charrue pour défricher le trèfle, après que le sol a été convenablement couvert de terres calcinées et bien pulvérisé avec le scarificateur. Elles commencent la rotation de quatre années, sont remplacées par le froment, ensuite par l'avoine, après laquelle on sème le trèfle et le ray-grass, comme dans l'ancienne culture pratiquée dans le Sussex.

La jachère étant supprimée, mon assolement est établi de la manière suivante : 1°. vesce, fèves, pois et pommes de terre; 2°. froment; 3°. orge ou avoine; 4°. trèfle et ray-grass. Les terres labourables sont divisées, autant que possible, en quatre parties égales. Je laisse de côté les plantations de houblon, les prairies, les pâtures et les bois taillis, parce qu'ils n'ont aucune liaison avec mon plan, qui est uniquement de constater *par quels moyens l'on peut augmenter le produit et la valeur des terres labourables, et étendre la culture du froment.*

Division des terres labourables en 1820.

1°. Vingt-huit acres de vesce, fèves, pois et pommes de terre;

2°. Vingt-huit acres de froment;

3°. Vingt-huit acres d'orge et avoine;

4°. Vingt-huit acres de trèfle et ray-grass.

Laissant de côté, pour un moment, le trèfle et le ray-grass, il reste chaque année quatre-vingt-quatre acres pour les préparations d'automne et de printemps. Afin d'égaliser le travail pendant ces deux saisons, et pour expédier l'ensemencement des plantes d'hiver, quarante-

(114)

deux acres sont destinées à une préparation im-
médiate, après que le champ de trèfle et de ray-
grass a été nettoyé, et que le froment a été
enlevé.

On commence généralement la préparation
par voiturer sur le champ de trèfle deux cent
quatre-vingts chars de cendre d'argile, afin d'a-
mender quatorze acres pour la vesce d'hiver (1).
Les cendres sont répandues, et dans les mo-
mens favorables les scarificateurs sont employés
pour obtenir un labour assez profond.

Mais cet ouvrage, ainsi que tout autre travail
des attelages, doit céder la place à l'occupation
plus importante de brûler le chaume du froment, parce que c'est cette opération qui écarte
tous les obstacles que trouveraient à pénétrer
dans la terre les racines des récoltes suivantes,
et qui nettoie parfaitement le sol. Si la saison
est favorable après la moisson, tous les scarificateurs doivent donc être en mouvement pour
arracher le chaume, et le disposer à être râtelé
et brûlé. Si la saison était assez humide pour

____

(1) Les autres quatorze acres de trèfle sont amendées
à loisir de la même manière, et préparées pour semer en
rayons, au commencement du printemps, de la vesce,
des fèves, des pois, etc. On ne donne point d'engrais
au froment, à moins que la vesce n'ait mal réussi.

s'opposer au brûlement, il en coûterait beaucoup pour enlever le chaume et le mettre en position d'être brûlé au printemps suivant. Dans ce cas, ses cendres doivent être semées à la surface du champ d'orge ou d'avoine, si ces plantes ont été semées avant qu'il fût brûlé.

Mais supposons ici la saison favorable, le chaume du froment brûlé, et ses cendres répandues aussitôt après la moisson, il faut préparer immédiatement, pour le froment, le chaume des vingt-huit acres de vesce par quatre ou cinq scarifications, et quatorze acres de trèfle pour la vesce d'hiver, de manière que ces deux plantes puissent être semées en rayons le plus tôt possible.

Le drillage d'hiver étant ainsi achevé, les quatorze acres de trèfle qui restent peuvent être à loisir couvertes de cendre et scarifiées, pour recevoir, au printemps, de la vesce, des fèves, des pois ou des pommes de terre. Les vingt-huit acres de froment sont aussi préparées en hiver, pour recevoir, au printemps, l'orge ou l'avoine; mais on n'y répand pas d'autre cendre que celle du chaume de froment.

On doit toujours tenir en bon état les sillons d'écoulement, afin que la terre destinée aux semis du printemps soit bien desséchée pendant l'hiver. La terre qui porte le froment est également desséchée par les sillons des planches, parallèles entre eux, et éloignés les uns des autres de cinq pieds et demi.

Durant le cours de chaque rotation de quatre années, l'état de chaque champ peut être facilement constaté par le produit du froment en gerbes de trente pouces de circonférence. Au commencement de la moisson, l'on donne à chaque moissonneur une mesure, au moyen de laquelle il peut les tenir à cette grosseur. Avant que le froment soit enlevé, l'on compte et l'on enregistre les tas pour connaître le nombre des gerbes. Vingt gerbes de chaque champ sont mises à part et pesées avant d'être battues : le grain et la paille le sont ensuite séparément. Par ce moyen, le fermier peut connaître l'état de ses champs avant d'en faire la récolte. Par exemple, si la récolte de froment se montre faible (1),

---

(1) Ma dernière récolte de froment a rendu de trois cent cinquante à quatre cent soixante et une gerbes, de la grosseur indiquée, par acre. La partie la plus belle d'un champ nouvellement défriché et couvert de cendre, qui avait servi long-temps de pâturage à des brebis, a produit, sur un quart d'acre, cent soixante-six gerbes ou six cent soixante-quatre par acre. A cinq livres de blé par

l'on doit donner à la terre destinée à l'orge et à l'avoine un supplément de cendre, et deux ou trois scarifications de plus. Si ensuite ce supplément d'engrais et de scarifications ne produisait pas assez d'effet, le trèfle et le ray-grass devraient être chargés de dix chars de cendre par acre, mais pendant les gelées, pour éviter le dommage que pourraient faire à ces plantes le charroi et l'étendage. Enfin, si le produit du trèfle et du ray-grass est trop faible, il faudra y répandre un supplément de cendre d'argile avant de driller le froment.

Le plan de culture que je viens de décrire serait impraticable si l'on n'avait à ses ordres l'excellent engrais que j'obtiens de la calcination de l'argile, des terres fortes et de la marne (1). On a lieu d'être étonné du peu d'attention que

gerbe, le produit en grain d'une acre a été de cinquante-cinq boisseaux.

Le poids du boisseau anglais se trouve ainsi fixé à soixante livres et deux cinquièmes.

(1) « Je ne crois pas exagérer en disant que la calcination de l'argile et de la surface du sol est la découverte la plus importante pour l'agriculture, qui ait été faite depuis l'introduction des turneps dans le Norfolk par lord *Townsend.* » (*Lettre de J.-C. Curwen, du 2 septembre* 1815.)

donnent aux découvertes les plus importantes les propriétaires et les fermiers. Il y a cinq ans qu'a été publiée la *Lettre de M. Craig à M. Boyd*, datée du 28 janvier 1815, et nous voyons encore par-tout d'immenses étendues de terre blanchies avec de la chaux que l'on va chercher très-loin, et cela sur des fermes abondantes en bois et en terre très-forte, que l'on aurait pu convertir en engrais sur le lieu même, avec la septième partie de la dépense que l'on fait pour la chaux.

Dans la lettre citée, M. *Craig* dit qu'ayant vu des récoltes de froment, de lin et de pommes de terre d'une beauté *qui surpassait toute croyance*, sur des terres fortes qui n'avaient reçu d'autre engrais que de l'argile calcinée, il était décidé à en faire l'expérience chez lui. « M. *Wallace*, dit-il, est si convaincu de la supériorité de l'argile calcinée, qu'il m'a souvent déclaré qu'il ne voudrait pas se donner la peine de charroyer du fumier de Kirkcudbright à sa ferme, quoique la distance ne soit que d'un mille, quand même on voudrait le lui donner pour rien. A vous, ajoute-t-il, qui avez éprouvé les heureux effets des cendres obtenues en raclant et brûlant la surface de la terre, il est inutile de parler en faveur des cendres obtenues en calcinant les couches sous-jacentes du sol, ou de faire mention de la facilité qu'elles fournissent pour étendre le système des récoltes vertes à un point où il n'est pas encore parvenu. »

Après tout ce que j'ai dit, il est presque inutile d'ajouter que ma pratique, sur une grande échelle, confirme pleinement l'opinion de M. *Craig*. Je me suis trouvé tellement d'accord avec celle de M. *Wallace*, que, pendant les six dernières années, je n'ai pas employé une seule voiture de fumier sur mes terres labourables, excepté sur quelques acres de pommes de terre. Je l'emploie particulièrement sur les plantations de houblon, où les herbes qu'il produit peuvent être si facilement détruites, et ce qui m'en reste est répandu sur mes prairies. Quant à la chaux, il y a long-temps que je la considère comme une source de ruine pour les fermiers qui la tirent de loin, et comme la cause principale du haut prix des denrées.

A l'appui de cette opinion, je renvoie au tableau des dépenses de culture à la page 24, chapitre Ier, qui, je pense, convaincra quiconque ne veut pas fermer les yeux à l'évidence que la détresse de l'agriculture doit être bien plutôt attribuée à la chaux et à la jachère qu'à l'énormité des taxes dont on se plaint chaque jour.

Ces dernières sont un mal inévitable, contre lequel il n'y a malheureusement point de remède; mais je pense avoir clairement démontré que, contre la maladie de la chaux et de la jachère, le remède est sous la main de tous les cultivateurs; il suffit de bien connaître les erreurs et les imperfections de notre agriculture; de les corriger par-tout où elles se trouvent; de supprimer tous les procédés de culture trop dispendieux, et d'introduire un système général d'économie dans toutes les opérations de la ferme.

Cette connaissance peut être facilement acquise; car toutes les fois que la rente de la terre est faible, et que les frais de culture sont élevés, l'on doit naturellement supposer qu'il y a erreur ou mauvaise administration dans la culture. Il faut donc examiner attentivement toutes les opérations du fermier; le suivre pas à pas depuis le commencement jusqu'à la clôture de la rotation; détailler tous les articles de dépense dans l'ordre où ils se succèdent; examiner aussi la nature et la situation du sol, les ressources de la ferme en chaux, argile, marne, tourbe, bois, et qu'on les compare avec celles d'une autre ferme dans des circonstances semblables, et où cependant la rente est forte et les

dépenses modérées, et l'on découvrira probablement le vice et le remède. Si tous les propriétaires du royaume se livraient à des recherches de cette nature ; s'ils voulaient prendre
l'initiative des systèmes de culture les plus éco-
nomiques et les plus profitables ; se donner
quelques peines pour instruire leurs fermiers
et les encourager à les adopter, cette conduite
produirait probablement les plus heureux effets.
Elle produirait plus d'une découverte utile à
l'agriculture, et l'on pourrait espérer enfin que,
d'amélioration en amélioration, toutes les terres
du royaume seraient portées à la plus grande
valeur possible.

Jusqu'à ce jour, le plus grand obstacle à l'a-
mélioration de l'agriculture a été l'insuffisance,
et quelquefois le défaut d'engrais ; mais quelques
essais isolés, dans diverses parties du royaume,
nous ont appris, depuis quelques années, que
ce besoin peut être par-tout abondamment satis-
fait à bien meilleur marché qu'avec la chaux ou
le fumier. A l'expérience des autres (1), et à

____

(1) « Après les bons, je puis même dire les miraculeux
effets que les cendres d'argile ont produits sur mes terres
pendant quelques années, effets confirmés maintenant
par la pratique de MM. *Craig et Wallace*, je suis per-

tout ce qui a été publié sur l'emploi de la cendre d'argile, comme engrais, j'ai ajouté le résultat de ma propre pratique, qui ne me permet pas de douter un instant que l'emploi universel de cet inestimable engrais ne doive être la source des plus grands avantages. Je le qualifie d'inestimable, parce que je suis persuadé que c'est le moins cher et le plus convenable qu'un fermier puisse employer.

Je dois dire cependant que, pour le rendre efficace et prévenir les méprises, il est indispensable que le sol et lui soient bien pulvérisés. C'est à l'oubli de cette précaution qu'il faut attribuer le peu de succès de quelques expériences dont j'ai ouï parler; car chez moi il n'a jamais manqué son effet. J'ai plusieurs fois

---

suadé que le défaut de fumier ne forcera plus les fermiers du Galloway de borner à quelques acres la culture de leurs récoltes vertes. » (*Lettre de M. Édouard* Boyd, *du* 1er. *février* 1815.)

« J'ai fabriqué pour cet été deux mille chars d'argile calcinée, avec lesquels j'ai pu semer cinquante acres de navets de Suède. Soixante chars par acre ont produit le même effet que cent chars de bon fumier. Vingt-neuf acres n'ont reçu chacune que trente chars de cendre, et leur produit a été très-bon. » (*Lettre de J.-C.* Curtis, *du* 2 *septembre* 1815.)

éprouvé sa supériorité sur le fumier, lorsqu'ils ont été mis en concurrence à quantités égales; on a vu même, dans les quatre expériences citées à la page 37, qu'il a été évident, pour plusieurs personnes qui en ont été témoins, que dix chars de cendre par acre ont produit plus d'effet que quarante chars de fumier. La manière la moins dispendieuse de produire le degré de pulvérisation requis est de répandre les cendres d'argile sur la terre avant de la pulvériser. S'il s'y trouve de grosses mottes, il faut les briser avec un maillet, une bêche ou une houe : par ce moyen, et ensuite trois, quatre ou cinq scarifications, la pulvérisation sera complète ; la terre et l'engrais seront intimement mêlés et dans l'état le plus favorable pour recevoir la semence.

Quoique je me constitue ainsi le défenseur des cendres d'argile, je ne suis cependant pas insensible au mérite de la chaux et du fumier. Je sais apprécier les bons effets de l'un et de l'autre; mais je m'oppose à leur emploi sur les terres labourables, parce qu'ils entraînent à une trop grande dépense; je pense, de plus, que l'usage de prodiguer la paille sur les tas de fumier est abusif et doit être changé. Les fermiers bretons feraient très-bien de chercher des exemples chez des peuples qu'ils croient moins éclairés qu'eux. Chez les Indiens et les Chinois, la paille a trop de valeur pour être ainsi prodiguée : elle est presque exclusivement employée à la nourriture des animaux. La récolte de foin ayant manqué en 1818, j'adoptai cette pratique et je m'en trouvai très-bien. Des herbes grossières formèrent la litière des cours de ma ferme, dont le sol avait été préalablement couvert d'un lit de terre et de tourbe. Ce fut une leçon accidentelle dont je ne manquerai pas de profiter. Ce plan d'économie pourrait être adopté par un grand nombre de fermiers dont les ressources alimentaires pour leurs bestiaux se trouveraient ainsi augmentées. Au lieu d'acheter des foins, comme ils y sont quelquefois obligés, ils pourraient vendre, ou du moins ils pourraient diminuer l'étendue de leurs prairies et de leurs pâturages, pour augmenter celle de leurs terres labourables.

Je crois en avoir dit assez pour faire suffisamment connaître mon plan de culture et les succès dont il a été suivi. Mon but, en l'exposant, a été de fixer l'attention des propriétaires sur le peu d'intérêt que plusieurs d'entre eux prennent à la culture de leurs domaines; de les inviter à s'occuper davantage de cet objet; de les convaincre qu'en améliorant leurs propriétés ils travaillent pour eux-mêmes, d'abord en augmentant leur revenu, et plus essentiellement ensuite pour le bonheur de toutes les classes de la société et la prospérité de leur patrie, en multipliant les denrées les plus essentielles, dont cette abondance même diminue le prix.

Les avantages immenses qui résulteraient pour une nation de la disposition des riches propriétaires à entreprendre eux-mêmes les améliorations rurales n'avaient point échappé à l'œil pénétrant de Bonaparte. Il avait chargé son ministre de l'intérieur de manifester son désir d'être informé des progrès de l'agriculture; il déclara, à cette occasion, que c'est principalement de la résidence des propriétaires sur leurs domaines, des exemples qu'ils peuvent offrir aux cultivateurs, des soins qu'ils se donnent pour améliorer leur fortune et celle de leurs enfans, que l'on peut attendre des progrès dans l'économie rurale.

L'une des maximes favorites du célèbre ministre *Sully* était que : *labourage et pâturage sont les deux mamelles de l'État.* Il considérait l'agriculture comme la base du pouvoir, le support de la grandeur et la source du bonheur public. Telle était aussi l'opinion de *Mirabeau* (1),

____

(1) *L'Ami des hommes.*

lorsqu'il disait que l'agriculture est le premier des arts, et celui cependant auquel on fait le moins d'attention, puisqu'on ne s'occupe nullement de le perfectionner.

Mais nous n'avons pas besoin de remonter si haut et d'aller chercher si loin des témoignages imposans sur l'importance de l'agriculture. Un noble comte, proposant, en mars 1815, la seconde lecture du bill sur les grains, observe avec justesse que l'agriculture est la plus importante des considérations politiques. « Quoique les petits États, dit sa seigneurie, ne puissent la considérer comme un moyen de richesse, il n'en est pas ainsi de ceux qui ont à nourrir une population de dix ou vingt millions d'habitans. De telles nations ne peuvent, sans les plus grands risques, rester dans la dépendance des autres pour les objets de première nécessité. »

Malheureusement cette dépendance et ce risque s'accroissent rapidement pour nous. En 1816, ainsi que je l'ai déjà observé, la valeur de nos importations en grains et farines fut de neuf cent quarante-deux mille quatre cent quatre-vingt-dix-sept livres dix-neuf shillings sept deniers sterling. Elle fut de six millions quatre cent trois mille huit cent quatre-vingt-treize livres dix shillings six deniers sterling en 1817,

et de dix millions neuf cent huit mille cent quarante livres deux deniers sterling en 1818. Il
convient à la sagesse d'une aussi grande nation
de rechercher les causes d'un accroissement si
alarmant, et de chercher tous les moyens possibles d'arrêter les progrès du mal. Il semble en
effet reconnu, par tous les écrivains qui ont
traité de l'économie politique, qu'une nation
qui ne peut se reposer sur elle-même de la pro-
duction des denrées les plus nécessaires à la vie,
quelque puissante qu'elle soit d'ailleurs, n'a
pas une puissance fondée sur une base solide.

Autrefois notre sol produisait au-delà des besoins de notre population ; de 1700 à 1750, nos
exportations excédèrent les importations de
vingt-neuf millions de quarters de grains de
toute espèce. De 1751 à 1799, les importations
ont excédé les exportations de treize millions
de quarters.

Sir *John Sinclair*, dans ses *Observations sur
le bill des grains*, assure que « dans une courte
période de vingt années, c'est-à-dire, de
1796 à 1816, nous avons exporté à-peu-près
soixante millions sterling en numéraire pour
achats de grains, épuisant ainsi notre capital
métallique pour des articles que notre propre
territoire devait produire ; encourageant l'agri-

culture des nations ennemies, et augmentant leurs ressources financières pour notre destruction. »

Cette grande diminution de nos ressources intérieures procède, en grande partie, de l'augmentation des dépenses de culture, qui sont telles qu'il y a souvent de la perte à cultiver le froment, des taxes additionnelles, et d'un raffinement dans les rotations de culture, qui ne laisse au froment qu'une très-petite portion des terres labourables.

Relativement aux dépenses de la culture, j'ai prouvé qu'il était facile de les diminuer dans une proportion très-forte, et d'augmenter en même temps le produit des terres actuellement cultivées. Les taxes ne sont pas soumises au contrôle des fermiers ; mais relativement aux rotations qui sont fondées sur la facilité ou la difficulté de se procurer des engrais, j'espère avoir démontré qu'il n'y a plus de nécessité de les prolonger jusqu'à cinq et six années et plus, avant le retour du froment dans un champ (1).

____

(1) M. *Young* a remarqué, dans son *Calendrier du Fermier*, qu'avant le règne de George III il n'y avait pas un écrivain qui eût une idée raisonnable de l'importance de la rotation de culture. Mais il paraît que dans la

Je n'ai pas le moindre doute que, dans mon plan de culture, je ne pusse utilement cultiver le froment sur la moitié de mes terres labourables ; la seule rotation que j'eusse besoin d'observer serait celle du froment et d'une récolte verte alternativement.

J'ai déjà indiqué l'objection que l'on peut op-

---

suite les idées que l'on s'en forma devinrent beaucoup trop raffinées, lorsque, par de longues et ennuyeuses rotations, un fermier dut attendre six ou sept ans avant que certains champs fussent supposés en état de recevoir leur second semis de froment. Ainsi il ne réserva pour le grain le plus utile que la sixième ou septième partie de ses terres labourables, au lieu de la troisième ou quatrième.

« Celui-là, dit M. *Lawrance,* observe le meilleur cours de culture, qui dessèche, pulvérise et nettoie sa terre, et la tient constamment en bon état. Il peut ainsi se jouer de la régularité des assolemens, et tirer de son champ l'espèce de récolte qui lui conviendra le mieux. La répétition du froment *houé* serait un grand et infaillible moyen de garnir nos marchés. C'en serait un encore que l'alternat du froment et des fèves, cours de culture reconnu pour être très-productif. »

Un auteur anonyme, qui a écrit sur la culture du froment, espère que le moment arrivera où le froment remplacera l'orge et l'avoine dans tout le royaume. « C'est alors, dit-il, que la condition des classes laborieuses sera améliorée. » Cette amélioration serait effectivement bien réelle, et je ne doute pas que l'on ne puisse y parvenir.

poser à cette méthode, le défaut de division du travail des animaux ; mais elle tombera si, dans de nouveaux essais que je me propose de faire, je puis parvenir à substituer le froment de mars à l'orge et à l'avoine : la division destinée à ces deux grains serait alors attribuée au premier, et j'aurais ainsi cinquante-six acres de froment au lieu de vingt-huit, sans ajouter à ma dépense, et sans déranger l'ordre de mes travaux d'automne et de printemps. Ma rotation serait, dans ce cas, établie de la manière suivante :

No. V.

DIVISIONS de 28 acres.		VALEUR des Récoltes.		DÉPENSES de Culture.		DIFFÉRENCE en Profit.	
		liv. st.	fr.	liv. st.	fr.	liv. st.	fr.
1	Vesces et Pois...	224	5,376	140	3,360	84	2,016
2	Froment d'hiver.	280	6,720	140	3,360	140	3,360
3	Froment de printemps.	252	6,028	140	3,360	112	2,688
4	Trèfle et ray-grass	140	3,360	77	1,848	63	1,512
	TOTAUX.....	896	21,544	497	11,928	399	9,576

Le produit moyen est de huit livres sterling (192 fr. par acre.

Dans ce cas, je serais obligé d'acheter de l'orge et de l'avoine, de sorte qu'en résultat cette nouvelle rotation ne me rendrait pas plus de profit que celle que j'ai adoptée, c'est-à-dire, 1°. vesce, 2°. froment, 3°. orge et avoine, 4°. trèfle et ray-grass; mais, d'un autre côté, ce dernier assolement produirait une augmentation de produit en froment qui pourrait être exporté, et ainsi l'Angleterre pourrait rentrer dans son ancien privilége d'être une nation exportatrice.

Il y aurait encore une autre manière d'augmenter la proportion du froment sans déranger l'ordre des récoltes, et sans rien changer à la division du travail pour l'automne et le printemps. On y parviendrait en retardant jus-qu'au printemps le semis de la vesce sur le trèfle, et en prenant quatorze acres de froment sur la sole de l'avoine. Par ce changement, l'on aurait quarante-deux acres de froment, et seulement quatorze d'avoine; mais cette étendue serait suffisante pour les besoins de la ferme; de plus, ce changement rendrait le nouvel assolement plus profitable, comme on le verra par les deux tableaux suivans.

N°. VI.

Comparaison des deux assolemens.

Assolement de la ferme de Knowle.

DIVISIONS.	ACRES.		VALEUR des Récoltes.		FRAIS de Culture.			DIFFÉRENCE en Profit.		
			liv. st.	fr.	liv. s.	fr.	c.	liv. sch.	fr.	c.
1	28	Vesce, fèves et pois.....	224	5,376	140	3,360		84	2,016	
2	28	Froment. ...	280	6,720	140	3,360		140	3,360	
3	28	Avoine, orge	196	4,704	102 8	2,457	60	93 12	2,246	40
4	28	Trèfle et ray-grass......	140	3,360	77	1,848		63	1,512	
	112	Totaux...	840	20,160	459 8	11,025	60	380 12	9,134	40

Le produit moyen, par acre, est de sept livres
sterling cinq schillings (174 f.) à sept livres sterling dix schillings (180 fr.).

N°. VII.

Culture du froment étendue à quarante-deux acres sur cent douze.

DIVISIONS.	ACRES.		VALEUR des Récoltes.		FRAIS de Culture.			DIFFÉRENCE en Profit.		
			liv. st.	fr.	liv. sch.	fr.	c	liv. sch.	fr.	c.
1	28	Vesce, fèves et pois....	224	5,376	140	3,360		84	2,016	
2	28	Froment...	280	6,720	140	3,360		140	3,360	
3	14	Froment...	140	3,360	70	1,680		70	1,680	
4	14	Avoine.....	98	2,352	51 9	1,234	80	46 11	1,117	20
5	28	Trèfle et ray-grass......	140	3,360	77	1,848		63	1,512	
	112	Totaux..	882	21,168	478 9	11,482	80	403 11	9,685	20
		Augmentation de Bénéfice......						22 19	550	80

Le revenu moyen par acre est de sept livres sterling dix-sept schillings (188 fr. 40 c.).

Les frais de culture ont été calculés sur le même pied que pour le tableau précédent, c'est-à-dire cinq livres sterling (120 fr.) par acre pour la vesce et le froment; trois livres sterling treize shillings six deniers (88 fr. 20 c.) pour l'avoine ; deux livres sterling quinze shillings (66 fr.) pour le trèfle et le ray-grass.

J'ai indiqué cette manière d'étendre la culture du froment comme une nouvelle preuve de l'importance de la cendre d'argile. Elle est incontestablement une acquisition précieuse pour notre agriculture. Le fermier qui en fera usage, avec la précaution de bien pulvériser sa terre de la manière indiquée ci-dessus, et de brûler les mauvaises graines avec le chaume, peut se dispenser de la régularité des assolemens, et faire produire à ses champs les récoltes qu'il jugera les plus avantageuses.

J'ai déjà retiré deux récoltes successives de froment d'un champ de neuf acres. La seconde a été beaucoup plus belle que la première, et j'en ai une troisième sur pied. Le chaume a été râtelé et brûlé, et les cendres ont été répandues; j'ai répandu ensuite dix chars de cendres d'argile par acre. La moitié a été semée en rayons; l'autre l'a été à la volée, et rayonnée ensuite avec le nouvel instrument, représenté *fig.* 5, *Pl.* 2.

Je destine ce champ à essayer s'il sera possible d'obtenir de suite au moins deux ou trois récoltes de froment. Si cette pratique pouvait réussir, il en résulterait une grande amélioration dans notre système agricole, qui deviendrait beaucoup plus profitable, puisque sur une moindre étendue de terre l'on recueillerait en beaucoup plus grande abondance l'aliment indispensable pour notre population. Je n'ai pas le moindre doute sur le résultat de l'expérience que j'ai commencée. Si *Jethro Tull* a obtenu de la même terre treize récoltes successives de froment sans un atome d'engrais, je dois réussir à plus forte raison, puisque mon intention est de ranimer ma terre en y ajoutant une plus grande quantité de cendre, à mesure que les récoltes commenceront à décliner.

La seconde récolte de froment, dont je viens de parler, a été visitée par plusieurs personnes lorsqu'elle était encore en épis, et toutes l'ont considérée comme une nouveauté bien extraordinaire. Après que le général *Durham*, de Large en Fifeshire, l'eut parcourue et minutieusement inspectée, il s'écria : « Si vous pouvez continuer ainsi, et cultiver froment sur froment, vous surpasserez tous les fermiers du nord et du sud de l'Angleterre. »

Si ce point essentiel peut être établi d'une manière satisfaisante pendant une ou deux années encore, il en résultera naturellement que les fermiers, débarrassés des entraves des rotations de culture, pourront étendre celle du froment bien au-delà de ce que l'on a vu jusqu'à ce jour. Ainsi l'Angleterre pourra fournir amplement aux besoins de sa population, et devenir encore un grand marché de blé. Si l'on prouve, en effet, que l'on peut cultiver d'une manière avantageuse froment sur froment, ce grain, d'une si grande importance pour le genre humain, sera très-abondant et à bas prix : toutes les classes de la société y trouveront de grands avantages. Le riche supportera plus facilement le fardeau des impôts, la classe laborieuse jouira d'une plus grande aisance ; il s'opérera dans les paroisses une grande réduction sur la taxe des pauvres.

Si je ne me trompe, le bénéfice résultant pour la nation du bas prix des grains serait immense : tous nos efforts doivent donc tendre à rabaisser celui du froment, à étendre sa culture, et à retenir entre nos mains le commerce de ce grain. Nous y avons d'autant plus d'intérêt, que son prix affecte toutes les classes de la société, ce que ne fait pas, avec la même étendue, celui de l'avoine et de l'orge.

Il m'a toujours semblé que le plus grand vice de notre agriculture était de consacrer une si grande étendue de terre à la nourriture des animaux et une si petite à celle de l'homme. En effet, si nous examinons ces assólemens si vantés, nous y verrons le froment confiné sur la cinquième, la sixième et même la septième partie des terres labourables, et tout le reste cultivé pour les animaux.

Telle n'est pas la pratique des contrées où la nourriture de l'homme est abondante et à bon marché. « A la Chine, toute la surface de l'empire, sauf un très-petit nombre d'exceptions insignifiantes, est cultivée pour la nourriture de l'homme seul. On n'y voit de parcs et de lieux de plaisance que ceux qui appartiennent à l'empereur ; les routes occupent très-peu d'espace, puisque toutes les communications se font par eau : là, point de communaux ou de landes laissées en friche par la paresse ou le caprice, ou pour le stérile amusement d'un grand propriétaire ; aucune partie du sol ne reste en jachère, et il n'y a pas de terre si stérile qui ne puisse être amendée par le mélange d'une autre terre, par le fumier, par l'arrosement, par tous les autres soins d'une industrie active. »

La conséquence d'une attention si soutenue donnée à l'agriculture est que, dans tout l'empire, la moyenne de la population est de trois cents ames par mille carré (1), ce qui équivaut à-peu-près à trois fois la population anglaise sur le même espace (2) et cependant le peuple chinois vit dans l'abondance sans le secours des autres nations.

Le système que je cherche à établir, pour lequel il me reste encore beaucoup à faire, est destiné à remédier au vice que je viens de signaler, parce que le froment s'y trouve en proportion beaucoup plus grande sans rien retrancher aux animaux, qui seront suffisamment nourris si la paille est employée en pâture, au lieu de l'être en fumier.

J'ajouterai que mon système convient particulièrement à un propriétaire qui cultive son propre domaine. S'il a soin d'avoir toujours à sa disposition une provision suffisante de cendres d'argile, il n'a point à s'inquiéter de son fumier, à moins qu'il ne le fasse par goût ; il peut éviter l'embarras de nourrir d'autres animaux que ceux qui sont employés aux travaux de sa ferme. Il peut, sans inconvéniens pour son domaine, vendre une partie de son foin et de sa paille, puisqu'il peut remédier à l'épuisement

---

(1) Le mille anglais est de 1,609^m,3,440.

(2) *Histoire de l'ambassade du lord* Macartney *en Chine, par sir* George Staunton.

du sol par une dose extraordinaire de cendre, par-tout où le besoin s'en fera sentir. Je n'emploie maintenant que quatre chevaux et quatre bœufs pour cent douze acres de terres labourables, pour huit acres de houblon, pour le service d'un four à briques, et le voiturage de mon bois-taillis ; et dans le but de compléter mon système d'économie, j'aurais même essayé d'exploiter entièrement ma ferme par des bœufs, si les chevaux n'étaient indispensables pour le drillage et le houage, et plus particulièrement encore pour mes plantations de houblon.

Je tiens un registre très-détaillé pour chaque opération, afin de me rendre compte des frais de culture et du produit de chaque champ, et les récoltes sont en outre prévues pour cinq ou six années d'avance. Cette prévision, dont le détail est confié au contre-maître, le met dans le cas de tout préparer pour les récoltes de chaque champ, et d'ensemencer la terre en saison convenable. Tout se fait ainsi, sans embarras ni confusion, et je ne doute pas qu'avec un ordre aussi régulier, dont l'exécution serait confiée aux soins d'un contre-maître soigneux et intelligent, un propriétaire ne pût cultiver une grande étendue de terre avec autant de succès que s'il résidait sur le lieu même, et s'il surveillait directement ses opérations. Une inspection passagère serait cependant utile pour examiner l'état des champs, et s'assurer que l'on y a fait les travaux convenables. Avec un peu d'expérience et un examen attentif de tous les articles de dépense, il serait facile de constater assez exactement la quantité de travail que chaque champ exige. Je pense, en effet, qu'il n'est pas plus difficile d'estimer d'avance les travaux et les dépenses de l'agriculture que ceux d'une maison.

Mais les travaux d'une ferme sont trop souvent conduits négligemment et sans méthode. Peu de cultivateurs peuvent rendre un compte satisfaisant de leurs dépenses et des produits de leurs terres. ils ne se donnent pas la peine de les examiner ; ils sont satisfaits si, après avoir payé leur prix de ferme et les taxes, et avoir suivi le cours routinier de la culture, ils ont le même profit que leurs prédécesseurs. C'est tout ce qu'ils ont besoin de connaître, et peu leur importe ce qu'ils ont dépensé, comme si ce n'était pas leur affaire! et ils sont par conséquent de la plus grande indifférence sur tout nouveau plan de culture, parce que l'expérience leur a appris que l'ancien remplit suffisamment leur but : il ne les expose à aucun

risque, et tous les argumens ne leur persua-
deront pas qu'il y aura du bénéfice à le changer.

Je suis cependant loin de croire qu'il faille
réformer tous les anciens usages, il y en a plusieurs qu'il faut conserver et dont l'expérience
a sans doute constaté les avantages ; mais il y a
des routines dont on ne peut donner aucune
raison plausible, et qui doivent être supprimées
si l'on trouve qu'elles sont mauvaises. Je ne
connais pas de plus sûr moyen d'effectuer un
changement que l'exemple des propriétaires :
c'est d'eux seuls que nous devons attendre la
propagation des moyens d'amélioration. C'est
par leur douceur, leur indulgence, leurs raisonnemens avec les fermiers, et sur-tout par les
exemples qu'ils mettront sous leurs yeux , qu'ils
les détermineront insensiblement à renoncer
à leurs préjugés, dont ils se départiront facilement toutes les fois qu'ils seront convaincus
qu'il y a de l'avantage à les abandonner.

Mais cet avantage dépend entièrement de la
générosité du propriétaire, et de la manière
dont il réglera la rente de sa terre, après l'introduction du nouveau plan dont le fermier
doit retirer des bénéfices certains. Il me semble
qu'il devrait lui abandonner ce bénéfice en en-
tier la première et même la seconde année. Ce

serait un stimulant qui doublerait ses efforts ; le système d'amélioration serait solidement établi ; toutes les classes de la société en bénéficieraient, parce que le fermier serait en état de vendre ses denrées à plus bas prix.

A l'expiration d'un temps convenu, le propriétaire et le fermier conviendront du prix qui doit être ajouté à l'ancienne rente. C'est encore alors que le premier doit se montrer généreux, autrement le prix du blé n'éprouverait aucune réduction ; la diminution des dépenses du fermier serait illusoire, si elle était neutralisée par l'élévation de la rente : car, avec peu de dépense et un fermage très-élevé, il se trouverait dans la même position qu'avec un faible fermage et de grandes dépenses ; dans ce cas, le propriétaire seul gagnerait, et le public très-peu.

Cependant toutes les améliorations en agriculture doivent être opérées en vue de l'intérêt national, et pour le bien-être de toutes les classes de la société. Ce but important serait plus sûrement atteint, si les propriétaires étaient assez désintéressés pour refuser d'entrer en partage des bénéfices des améliorations, et se contentaient de leurs rentes actuelles, que le prix énorme des denrées a élevées beaucoup plus qu'elles ne l'avaient jamais été.

De 1793 à 1814, le froment s'est élevé de quarante-huit à cent un shillings (le shilling étant 1 fr. 20 c.) par *quarter* (près de trois hectolitres) et toutes les autres denrées à-peu-près dans la même proportion. Quelle immense addition de valeur a été ainsi transférée aux mains des propriétaires et des fermiers, aux dépens de toutes les autres classes de la société! Il est évident que la même étendue de terre, qui ne produisait en 1793 que pour vingt-quatre millions sterling de froment, en a produit pour cinquante millions en 1814. Cette vue générale de l'effet de l'élévation des prix sera suffisante pour montrer que les propriétaires doivent être très-contens du taux actuel de leurs rentes, et qu'ils ne devraient pas regretter d'abandonner à la nation tout le bénéfice que l'on peut espérer dans la suite des améliorations de l'agriculture.

On a recherché si la rente était l'effet ou la cause du haut prix des grains, et l'on a émis deux opinions opposées. Le docteur *Adam Smith* soutient que la rente est une des parties constituantes de la valeur du produit brut, et que la portion de ce produit qui appartient au propriétaire doit être augmentée si les frais de culture diminuent. M. *Ricardo* soutient, au contraire, que la rente n'est point et ne peut être une partie constituante de la valeur du produit brut. Ces deux célèbres écrivains peuvent avoir raison, et leur dissidence semble venir de ce qu'ils ont envisagé le même sujet sous deux aspects différens. *Adam Smith* parle de la rente dans le sens populaire attaché à ce mot ; tandis que M. *Ricardo* pense que la rente est souvent confondue avec l'intérêt du capital, mais qu'il est important, pour bien comprendre sa doctrine, qu'elle en soit isolée.

Cette question est sans importance pour le fermier. Dans ses calculs, la rente est considérée comme une partie de ses dépenses de culture, ainsi que son travail, son fumier, sa semence, etc., et je l'ai moi-même ainsi considérée dans tous mes tableaux ; je ne vois pas même qu'il en pût être autrement lorsqu'il s'agissait de calculer exactement le profi ou la perte.

M. *Middleton*, dans son *Examen de l'agriculture du Middlesex*, a calculé l'étendue des terres labourables dans la Bretagne méridionale d'après le nombre des habitans, qu'il estimait à huit millions dans le temps où il écrivait. Il suppose que chaque individu qui mange du pain de froment consomme annuellement un quarter ou huit boisseaux de Winchester, en y comprenant les puddings, les pâtés, les pâtisseries de toute espèce, toutes les manières enfin d'appliquer le froment à la nourriture de l'homme. Cette quantité de froment équivaut au produit net d'une demi-acre, puisque, après avoir déduit la semence et les pertes occasionnées par les rats et d'autres causes accidentelles, le produit net d'une acre est de seize boisseaux. Ayant ainsi trouvé que l'étendue des terres labourables de l'Angleterre méridionale est de quatorze millions d'acres, il suppose que chaque dix millions d'acres est cultivé de la manière suivante :

N°. VIII.

(La livre sterling pouvant toujours se compter pour 24 francs ou l'ancien louis, nous négligerons, dans les grandes sommes suivantes, de les réduire en francs. L. signifiera en même temps LIVRE STERLING *et* LOUIS. *)*

	ACRES.	VALEUR des Récoltes.		
Froment........	2,750,000	L. 27,500,000	à L. 10 s.	240 fr.
Avoine et fèves.	2,500,000	18,750,000	7 10	180
Orge et seigle...	750,000	5,250,000	7	168
Racines.........	1,000,000	8,000,000	8	192
Trèfle..........	1,000,000	5,000,000	5	120
Jachère........	2,000,000			
TOTAUX...	10,000,000	64,500,000		

Il résulte de ce tableau que la culture du blé, en y comprenant les fèves, occupe les six dixièmes de la terre ; celle des récoltes vertes deux dixièmes, et la jachère deux dixièmes.

Faisant ensuite l'application de cette supposition, il trouve que les quatorze millions d'acres de l'Angleterre et du pays de Galles fournissent annuellement les récoltes suivantes :

N°. IX.

	ACRES.	VALEUR des Récoltes.			
Froment......	3,850,000	L. 38,500,000	à L. 10	s.	240 fr.
Orge et seigle..	1,050,000	7,350,000	7		168
Avoine et fèves.	3,500,000	24,500,000	7	10	180
Trèfle.........	1,400,000	7,000,000	5		120
Racines.......	1,400,000	11,200,000	8		192
Jachères	2,800,000				
Totaux..	14,000,000	L. 88,550,000 *			

* Ou, en prenant la livre sterling pour 24 fr., 2,125,200,000 f.

Les neuf tableaux précédens fournissent des données suffisantes pour comparer la valeur relative du produit, selon les divers cours de rotation qui y sont spécifiés : l'on peut donc en conclure quel est le meilleur système de culture, relativement à la quantité des produits sur la même étendue de terre. Adoptant le calcul de M. *Middleton*, je fixerai cette étendue à dix millions d'acres; mais comme M. *Middleton* n'a pas tenu compte des frais de culture, qu'il faut cependant connaître pour fixer le profit ou la perte dans un système donné, je commencerai par présenter, pour dix millions d'acres, un tableau des frais de culture, de la valeur des produits, du profit ou de la perte, selon l'ancienne pratique du Sussex. Je présenterai ensuite un tableau semblable pour mon nouveau système, et un autre des résultats des divers moyens que j'ai imaginés pour étendre la culture du froment. Je finirai par comparer les effets de ces diverses rotations avec celle que M. *Middleton* a supposé être le cours probable de culture en Angleterre et dans le pays de Galles.

Tableau de l'ancienne méthode de Sussèx, *appli-quée à* 10,000,000 *d'acres.*

N°. X.

	ACRES.	FRAIS de Culture.	VALEUR des Récoltes.	PROFIT ou Perte.
Jachère. . . .	2,500,000	L.	L.	L.
Froment. . .	2,500,000	40,000,000	25,000,000	15,000,000 perte.
Avoine.	2,500,000	9,187,500	17,000,000	8,312,500 profit.
Trèfle et ray-grass.	2,500,000	6,875,000	12,500,000	5,625,000 profit.
Totaux. . .	10,000,000	56,062,500	55,000,000	1,062,500 perte.

Les frais de culture et la valeur des récoltes sont les mêmes que dans le tableau n°. Ier., page 104. Le résultat est que, par cette méthode, il y aurait perte de quinze millions chaque année sur le froment, et un bénéfice de treize millions neuf cent trente-sept mille cinq cents sur l'a-voine, le trèfle, etc. : de sorte que la perte, sur dix millions d'acres de terres labourables, est d'un million soixante - deux mille cinq cents livres sterling par année.

Nouvelle méthode, telle qu'elle est pratiquée sur la ferme de Knowle, appliquée à 10,000,000 d'acres.

Nᵒ. XI.

	ACRES.	FRAIS de Culture.	VALEUR des Récoltes.	PROFIT.
	L.	L.	L.	L.
Vesce, fèves, etc..	2,500,000	12,500,000	20,000,000	7,500,000
Froment.	2,500,000	12,500,000	25,000,000	12,500,000
Avoine et orge....	2,500,000	9,187,500	17,500,000	8,312,500
Trèfle et ray-grass.	2,500,000	6,875,000	12,500,000	5,625,000
TOTAUX....	10,000,000	41,062,500	75,000,000	33,937,500

Les frais de culture et la valeur des récoltes sont estimés comme dans le tableau nᵒ. II, page 106. Les résultats de cette nouvelle méthode sont un bénéfice de sept millions cinq cent mille livres sterling, produit par la substitution des vesces, fèves, etc., à la jachère ; un bénéfice de douze millions cinq cent mille livres sterling sur le froment, au lieu d'une perte de quinze millions de livres sterling par la première méthode ; les profits sur l'avoine et le trèfle sont les mêmes.

Maintenant, comme la somme du profit, par la nouvelle méthode, est de trente-trois millions neuf cent trente-sept mille cinq cents livres sterling, et la perte par l'ancien système, d'un million soixante-deux mille cinq cents livres sterling , il est évident que les bénéfices qui seraient produits par l'introduction du premier sur une étendue de dix millions d'acres , en supposant par-tout le même degré d'amélioration, s'élèveraient à la somme énorme de trente-cinq millions sterling par année. Ce résultat correspond exactement avec la conclusion que j'ai tirée de la comparaison de l'ancien et du nouveau système à la fin du chapitre V.

Cette nouvelle méthode de culture est sans doute très-avantageuse, puisqu'elle augmente de vingt millions sterling la valeur des ressources du pays, en économisant quinze millions sur les frais de culture ; cependant elle est aussi défectueuse que l'autre sur un point très-essentiel , puisqu'elle ne produit du froment que pour la nourriture de cinq millions d'individus.

J'ai toujours considéré comme un objet d'une haute importance et qui méritait la plus sérieuse attention l'augmentation de la culture du froment, et si l'on pouvait y parvenir sans nuire aux intérêts du propriétaire et du fermier, il en résulterait pour notre pays, dans la situation où il se trouve maintenant, un bien incalculable. J'ai essayé de tirer du même champ plusieurs récoltes successives de froment, et j'ai fait connaître les progrès de mes expériences. Si j'en juge par le succès que j'ai obtenu et par quelques autres circonstances, je ne doute pas que je n'atteigne le but où je visais. Je tâcherai de prouver que, par ce moyen, la culture du froment pourra produire par année deux ou trois millions de quarters au-delà du taux moyen des importations qui ont été faites depuis vingt ans, c'est-à-dire de 1793 à 1812.

S'il est possible d'effectuer un tel changement, nous aurons en tout temps une réserve surabondante de cet article essentiel. Cette surabondance conduira à une diminution, dont toutes les classes, depuis la plus élevée jusqu'à la plus basse, éprouveront les avantages. Il faut espérer qu'ils seront assez grands pour la première, pour qu'elle dédaigne de rogner la pitance actuelle de la classe laborieuse ; il faut croire cependant qu'à la longue le salaire du travail diminuera comme le prix des grains.

Dans les tableaux nᵒˢ. V, VI et VII, j'ai com-

paré le cours régulier d'assolement que j'ai adopté avec deux autres, dans lesquels la culture du
froment est beaucoup plus étendue. Mes calculs,
appliqués à cent douze acres de terre labourable,
donnent les résultats suivans :

*Comparaison de trois modes d'assolement de
terres labourables.*

1. Moitié de la terre en froment. *Voy.* le tableau N°. V.
2. Un quart   *idem.*   *Idem*   N°. VI.
3. Trois huitièmes *idem.*   *Idem*   N°. VII.

NUMÉROS.	PROPORTIONS en Froment.	ACRES en Froment	VALEUR des Produits par Acre.		VALEUR du Produit de 112 Acres.	VALEUR du Produit de 10,000,000 d'Acres.
			L.	fr. c.	L.	L.
1.	Moitié.....	56	8 0	192	896	80,000,000
2.	Un quart...	28	7 5	174	840	75,000,000
3.	Trois hui-tièmes......	42	7 8	177 60	882	78,800,000

Si la moitié de dix millions d'acres était ensemencée de froment, ce seraient cinq millions
qui, à deux quarters par acre, nourriraient
dix millions d'individus.

Si un quart seulement était ainsi ensemencé,

son produit ne pourrait nourrir que cinq millions d'individus. C'est là la grande imperfection
de la nouvelle méthode, comme on le voit dans
le tableau n°. XI, et qui lui est commune avec
l'ancienne méthode de Sussex.

Mais si les trois huitièmes des terres labourables du royaume recevaient du froment, chaque
année, cet aménagement serait, sous plusieurs
rapports, le plus avantageux et le plus facile
dans la pratique, parce qu'il ne s'opposerait pas
à un cours régulier de culture, et ne dérangerait
en rien l'égalité du partage du travail pour l'automne et le printemps. Nous avons déjà vu qu'il
y en a précisément la même quantité pour l'une
et l'autre saison, et j'ai indiqué la manière de le
distribuer.

Dans ce système, quatre millions deux cent
mille acres, sur dix millions, seraient ensemencées chaque année en froment. Si cette proportion était définitivement établie sur tout le territoire de l'Angleterre et du pays de Galles, dont
l'étendue labourable est probablement aujour-
d'hui de quinze millions d'acres, le froment en
occuperait six millions trois cent mille, dont
le produit pourrait nourrir une population de
douze millions six cent mille âmes.

M. *Middleton* a estimé que, sur quatorze millions d'acres qu'il suppose en culture en Angleterre et dans le pays de Galles, il y en a trois millions huit cent cinquante mille occupés annuellement par le froment. En appliquant cette proportion aux quinze millions d'acres que je suppose moi-même, l'étendue occupée annuellement par le froment est de quatre millions cent vingt-cinq mille acres, lesquelles, à deux quarters par acre, ne peuvent nourrir qu'une population de huit millions deux cent cinquante mille âmes. Cette quantité est évidemment insuffisante, puisque, selon M. *Colquhoun*, dans son *Traité de la richesse, de la puissance et des ressources de la Grande-Bretagne*, la population est de treize millions huit cent mille âmes (1).

D'après le plan de culture dont on voit le détail au tableau n°. VII, six millions trois cent

---

(1) Population de la Grande-Bretagne,

en 1811	11,956,303
Irlande.	4,500,000
Armée et marine.	640,500
	17,096,803
Accroissement jusqu'en 1814.	903,197
	18,000,000

Voyez *Treatise on the Wealth, Power of Great Britain*, page 56.

mille acres pourraient être ensemencées en froment, et fournir à la nourriture de douze millions six cent mille âmes ; ce qui excède probablement le nombre de personnes qui sont dans
l'usage de consommer du pain de froment. En
ce cas, le surplus pourrait être exporté, ou les
terres qui le produiraient pourraient être employées à la culture du lin, du chanvre, de la navette et autres articles applicables aux manufactures, et procureraient ainsi de l'emploi à la portion surabondante de notre population.

Un document de la Douane, communiqué au
Bureau d'agriculture, constate que la moyenne
de l'importation de toutes sortes de grains, de
1793 à 1802, a été d'un million quatre cent
quinze mille deux cent vingt-neuf quarters par
année, et celle de la farine de deux cent quatre-
vingt-dix-neuf mille dix-neuf cwts (cent livres
anglaises, ou un quintal anglais); de 1803 à
1812, la moyenne des mêmes importations a
été d'un million soixante-six mille cent quatre-
vingt-dix-huit quarters de grains, et deux cent
quatre-vingt-seize mille huit cent cinquante
quintaux anglais de farine.

Si l'on estime que trois quintaux anglais de
farine représentent un quarter de grains, la
moyenne de l'importation, dans la première pé-

riode, est d'un million cinq cent quatorze mille neuf cent deux quarters par année, et dans la seconde d'un million cent soixante-cinq mille cent quarante - huit ; la moyenne de ces deux sommes est d'un million trois cent quarante mille vingt-cinq, qui forme le taux moyen de l'importation, dans une période de vingt ans.

On peut conclure de ces données qu'il manque à la culture du froment six cent soixante-dix mille douze acres.

J'ai conclu des évaluations de M. *Middleton* que, sur vingt-cinq millions d'acres, quatre millions cent vingt-cinq mille sont actuellement employés à la culture du froment, et j'ai prouvé que, par mon plan de culture, cette étendue peut être portée à six millions trois cent mille acres. La différence entre ces deux sommes est de deux millions cent soixante - quinze mille. Retranchons-en les six cent soixante-dix mille douze dont il est parlé ci-dessus, il restera un million cinq cent quatre mille neuf cent quatre-vingt-huit acres, qui pourront être employées à la culture du lin, du chanvre, de la navette et autres productions utiles aux manufactures et au commerce.

C'est ici le lieu de faire observer que le système de culture que je propose, tout en diminuant beaucoup le travail des animaux, augmente celui des hommes, parce qu'il faudra un plus grand nombre de bras pour semer, recueillir et battre les récoltes qui remplaceront la jachère.

Les faits qui viennent d'être développés et les conséquences qui en résultent prouveront, je pense, d'une manière satisfaisante, la possibilité d'opérer, dans une partie du royaume, une grande économie dans les dépenses de l'agriculture, et d'augmenter considérablement nos ressources intérieures sans ajouter une acre à l'étendue des terres actuellement en culture, et avec moins de dépenses qu'en persévérant dans le système ruineux des jachères.

On s'apercevra sans doute que le plan de culture et d'amélioration que j'ai indiqué diffère essentiellement de tous ceux qui ont été proposés jusqu'à ce jour. Il n'exige point de capitaux et n'entraîne à aucune dépense extraordinaire. Il peut être exécuté immédiatement, et les bons effets s'en font sentir dès la première année. Quoiqu'il embrasse trois objets de la plus haute importance pour la nation, la diminution des frais de culture, l'augmentation des produits, et la diminution du prix du principal aliment des hommes, j'ai démontré qu'ils peuvent être

obtenus sans blesser en rien les intérêts des propriétaires et des fermiers. L'économie dans les
dépenses serait par elle seule un très-grand bien;
car plus elle serait grande, plus s'accroîtrait la
valeur de la terre.

Je conclus de là que les propriétaires, dont
les rentes actuelles ont été augmentées dans une
proportion si forte, par les prix énormes des
denrées dans une longue période de guerre,
et par les disettes successives des années 1800,
1801, 1810 et 1811, n'auraient pas lieu de se
plaindre, si les rentes restaient stationnaires.
Les consommateurs ne leur ont-ils pas payé en
outre plus de soixante millions sterling, qu'ils
n'auraient pas reçus sans ces malheureuses circonstances? Si un tel réglement était proposé
et spontanément adopté par les propriétaires,
auxquels il n'ôterait rien, il en résulterait les
plus grands avantages, et peut-être suffirait-il
seul pour nous mettre à l'abri de certaines pro-
positions fiscales qui ont été suggérées dans un
ouvrage récent.

Quoi qu'il en soit, on ne niera pas sans doute
que la fixité de la rente ne fût dans le cas de
stimuler le zèle des fermiers, dont l'intérêt serait
alors de se livrer à des améliorations, et d'économiser dans les dépenses de culture. La fixité

de la rente produirait les mêmes effets que les longs baux, dont personne ne conteste les avantages. Si l'émulation des fermiers était ainsi excitée, nous les verrions bientôt créer des moyens d'abondance. L'abondance réglerait les prix dans les marchés, de manière que les denrées se vendraient moins cher, et que les fermiers gagneraient davantage.

Que le haut prix des denrées soit effet ou cause de l'élévation des fermages, il n'en est pas moins vrai qu'il est la cause principale de la détresse actuelle de l'Angleterre. Il faut donc espérer que le bas prix de tous les objets nécessaires à la vie, qui serait une suite naturelle de l'abondance et du bas prix du froment, produirait un effet opposé.

J'ai déjà dit qu'en 1793 le prix moyen du quarter de froment était de quarante-huit shillings, et de cent un en 1814. Supposons que, dans ces deux années, le sol de l'Angleterre ait produit dix millions de quarters de froment pour la nourriture de pareil nombre de ses habitans; en 1793, leur valeur, à quarante-huit shillings, a été de vingt-quatre millions de livres sterling; et à cent un shillings en 1814, elle a été de cinquante millions cinq cent mille livres : la différence est de vingt-six millions cinq cent

mille livres sterling. Cette augmentation de valeur est une charge qui a pesé sur les seuls consommateurs, tandis qu'elle a été ajoutée au revenu ou aux bénéfices des propriétaires et des
fermiers.

Si l'on considère maintenant que le froment
occupait tout au plus le quart ou le cinquième
des terres labourables ; que le prix de l'orge s'est
élevé de vingt-huit shillings à cinquante shillings
et cinq pences ; celui de l'avoine de dix-neuf shillings à trente-trois et cinq pences ; que le prix de
la viande, du beurre, du fromage et de tous les
autres articles du produit de la ferme, s'est élevé
dans la même proportion, l'on aura une idée
des immenses richesses acquises, pendant cette
longue période, par les propriétaires et les fermiers, aux dépens de toutes les autres classes
de la sociéte.

Peu importe à l'homme riche de payer un
quarter de froment quarante ou quatre-vingts
shillings (48 ou 96 fr.). Il n'en est pas ainsi pour
un pauvre laboureur, qui ne gagne que douze
shillings (14 fr. 40 c.) par semaine, ou trente
et une livres sterling quatre shillings (748 fr.
80 c.) par année. Si sa famille est composée
d'une femme et deux enfans, sa consommation
annuelle de froment sera de quatre quarters,

qui, à quarante shillings (48 fr.), coûteront huit livres sterling (192 fr.); tandis qu'à quatre-vingts shillings (96 fr.), ils lui coûteront seize livres sterling (384 fr.), ou la moitié de ce qu'il gagne. Sa situation a dû être déplorable lorsqu'il a payé un quarter de froment cinq livres sterling (120 fr.). Alors sa dépense annuelle pour sa nourriture et celle de sa famille a été de vingt livres sterling (470 fr.), et il ne lui en est resté que onze et quatre shillings (268 fr. 80 c.) pour subvenir à tous ses autres besoins. Il n'est pas étonnant qu'il se soit plaint dans une situation qui le forçait de mendier son pain quotidien en recourant aux officiers de la paroisse.

Les taxes sont, pour les pauvres, une charge beaucoup moins pesante que le haut prix des denrées; l'on peut dire même qu'ils la sentent à peine : le moyen de les rendre heureux serait donc de leur procurer abondamment et à bon marché leur pain quotidien. Il est donc bien à désirer que l'on puisse prendre promptement des mesures efficaces pour faire baisser le prix des denrées. Il serait bien heureux pour notre pays que le froment ne fût pas considéré par les fermiers comme leur récolte principale; car il est évident que le haut prix de cet article indispensable du produit de la ferme a été la source principale de toutes nos misères. Enfin, si la classe laborieuse n'est pas efficacement et promptement soulagée, nous ne pouvons espérer un contentement solide et une tranquillité constante.

Un retour aux bas prix ne peut s'effectuer que par un sage et judicieux système d'économie dans toutes les branches de l'agriculture ; mais si la rente s'élève à mesure que les frais de culture diminueront, les choses resteront comme elles sont, et la misère ne sera point soulagée (1).

Au reste, je ne présente ces idées que comme de simples aperçus, que je soumets aux méditations de ceux qui sont plus capables que moi d'apprécier l'influence que peut avoir sur l'ordre social le plan de culture que j'ai décrit.

Ceux qui ont écrit sur l'économie politique ont généralement, sinon toujours, établi leurs

---

(1) Dans les parties du royaume où la rente est tenue très-basse, à cause de l'énormité des frais de culture, il serait cependant juste qu'elle augmentât, en proportion de la diminution des dépenses. Dans ce cas, le propriétaire doit partager avec le fermier les bénéfices résultant d'un système de culture plus économique : ainsi la valeur des fermes à bas fermages serait augmentée sans que cette augmentation influât sur le prix des denrées.

calculs sur les dépenses actuelles de l'agriculture sans examiner la possibilité de les diminuer. Mais s'il est prouvé, par des faits incontestables, qu'elles peuvent être réduites bien au-dessous de ce qu'elles ont été jusqu'ici, cette sorte de preuve peut changer les prémisses de leurs argumens, aussi bien que les conséquences qu'ils en ont tirées.

Il est peut-être d'une sage politique d'importer du froment, dans le moment où les énormes dépenses de la culture ont tant élevé le prix du nôtre. Ceci me semble une conséquence naturelle des articles de dépense établis dans le tableau n°. Ier., qui démontre que, sur cent acres de terre labourable, cultivées selon l'ancien système, il n'y a pas le moindre bénéfice pour le fermier. Ses dépenses en jachères, en main-d'œuvre et en chaux sont si énormes, qu'il serait entièrement ruiné, si quelques petits profits qu'il tire des autres parties de sa ferme ne le mettaient dans le cas de payer la faible rente de quinze shillings (18 fr.) par acre.

Mais avec un système de culture aussi économique que celui dont j'ai donné le détail au tableau n°. II, il est démontré que le profit annuel du fermier, sur cent acres de terre labourable, est de trois cent cinquante livres sterling

(8,400 fr.). Si nous en faisons l'application à dix millions d'acres, nous trouvons une somme annuelle de trente-cinq millions de livres sterling (louis) pour augmenter l'aisance des fermiers et la richesse de la nation. Une telle différence dans les résultats des deux méthodes de culture doit nécessairement changer la direction des idées sur l'importante question de savoir si la Grande-Bretagne doit ou ne doit pas rester dépendante des nations étrangères pour une grande portion du pain de ses habitans.

C'est une question qui intéresse plus l'économiste que le fermier. Ma tâche, à moi, a été d'indiquer par quels moyens le fermier peut introduire une grande économie dans quelques-unes des principales branches de ses opérations. C'est un sujet auquel on a donné jusqu'ici trop peu d'attention : il présente cependant un grand intérêt à chaque membre de la société ; car du plus ou moins d'économie que l'on met dans les diverses opérations de la culture, dépend en définitive le prix auquel le fermier peut vendre ses denrées.

Tout bien examiné, je pense que notre économie rurale a une relation intime avec la prospérité et le bonheur de la nation, et qu'elle mérite toute l'attention du Gouvernement. Si toutes les erreurs et les imperfections de l'agriculture étaient constatées et corrigées ; si un système général d'économie et d'amélioration se répandait dans tout le royaume, il en résulterait des avantages incalculables. C'est principalement par l'agriculture que notre pays peut se relever de sa détresse, et parvenir à un état de prospérité permanente. Il faut donc s'occuper sans interruption des moyens de porter au plus haut degré de perfection cet art, le plus important et le plus utile de tous les arts.

APPENDIX.

Des Instrumens.

On ignore à quelle époque précise a été introduit en Angleterre et dans le nord de l'Europe l'usage des labours profonds, et du reversement de la terre du fond à la surface, au moyen des charrues et d'une force motrice beaucoup plus puissante que dans l'antiquité ; mais il est évident que ce changement, postérieur sans doute à l'invasion des Normands, a beaucoup augmenté le travail et la dépense de la préparation de la terre pour les semailles.

Le but principal du labour est de diviser le sol en particules ténues, afin qu'il reçoive dans ses pores l'humidité, l'air, la chaleur et la lumière, agens puissans et indispensables de la végétation. J'ai démontré, par un grand nombre de faits établis dans le quatrième chapitre, que cette atténuation du sol est opérée plus parfaitement, plus facilement et plus promptement avec des instrumens d'une faible puissance, et sans retourner la terre. J'ai aussi démontré qu'il y avait de l'avantage à revenir au principe des anciennes charrues, ou à adopter celles qui sont actuellement en usage dans l'Inde et à la Chine, calculées pour produire le même effet, c'est-à-dire pour atténuer la terre sans la retourner. C'est réellement le seul effet que la charrue indienne puisse produire, comme on pourra s'en convaincre par la figure de la page 53 : celui de la charrue chinoise est à-peu-près le même ; on trouve une bonne figure de cet instrument dans le *Magasin du fermier*, pour 1804.

On suppose que l'araire employé dans les départemens méridionaux de la France est l'ancienne charrue romaine. Il agit autrement que les charrues indienne et chinoise. Il a plus de rapports avec le binot de France et des Pays-Bas, qui soulève la terre sans la retourner.

On peut conclure de ces faits qu'une vaste portion du globe est cultivée d'une manière

absolument différente de celle qui s'est introduite insensiblement chez nous, et cependant
nous n'apprenons pas que l'on se plaigne de
l'imperfection des instrumens. Chaque nation
est disposée à croire que son mode de culture
est le meilleur, et le Chinois, nous l'avons déjà
dit, rirait autant à l'aspect de notre charrue
qu'un de nos fermiers rirait de la sienne. Il vaut
mieux se bien pénétrer du mérite de l'une et de
l'autre par un examen attentif de la manière
dont chacune prépare la terre, et si nous trouvons en résultat que la manière chinoise pro-
duise autant d'effet que la nôtre, avec moins de
travail, la question sera décidée.

J'espère que ces observations détermineront
quelques cultivateurs intelligens à faire l'essai
des deux manières de préparer la terre, l'une en
la labourant profondément et la retournant,
l'autre en la brisant et l'émiettant par de petites
opérations répétées.

L'instrument dont je me sers dans ce dernier
but est représenté par la *fig.* 1, *Pl.* I. Le plan
et l'élévation, étant exactement dessinés selon
l'échelle, suffiront pour en exposer les diverses
parties : j'ajouterai seulement que le châssis est
en frêne, et que les dimensions des différentes
pièces sont de trois pouces en largeur, et de

trois et demi en épaisseur. Les pièces de fer en fer forgé, avec des trous carrés pour recevoir la partie supérieure des dents, sont placées le long de la partie supérieure des deux barres; ce qui ajoute beaucoup à leur solidité, ainsi qu'à celle du châssis. Les deux pièces de bois, dirigées obliquement des extrémités de la barre postérieure vers la roue, ont trois pouces de largeur et trois quarts d'épaisseur. Les dents sont de fer forgé, et ont un pouce et un huitième de largeur, et trois quarts d'épaisseur; leurs pointes sont aciérées, et elles sont solidement fixées au châssis par des écrous et des noix. La longueur des dents est de dix pouces, à partir de la surface inférieure du châssis. Il est indifférent que le trait soit attaché à la partie antérieure du châssis près de la roue, ou comme il l'est dans la figure.

Ce châssis, qui réunit la solidité à une certaine élégance, peut servir à plusieurs opérations différentes. En changeant la forme et la position des dents, ou en plaçant de petits socs et des coutres sur des pièces de bois semi-circulaires (d'un pouce d'épaisseur, renforcées de chaque côté par une traverse), et fixées de la manière représentée *fig.* 5 et 6 de la *Pl.* II, il peut être transformé dans les instrumens suivans, et exécuter diverses opérations avec la force d'un seul cheval, à raison de trois acres par jour et de vingt pences par acre.

1°. *Scarificateur* — pour pulvériser la terre.

2°. *Houe à cheval* — pour houer trois rangs de blé distans de neuf pouces.

3°. *Tranche-prairie* — représenté n°. VI, *Pl.* II, avec un coutre tranchant au front de chaque demi-cercle ; avec ou sans le petit soc courbé, représenté par la ligne noire de la gauche, il fait dans une prairie quatre incisions pour recevoir le fumier.

4°. *Râteau pour le chaume.*—Après avoir enlevé les socs, on fixe avec deux écrous et deux noix, sur la barre postérieure du châssis, une autre barre de bois portant huit ou neuf dents, comme celles n°. II, *Pl.* Ire. ; il devient un fort bon râteau.

5°. *Machine pour mettre en rayons le blé semé à la volée, fig.* 5, *Pl. II.*

6°. *Id. id.* pour les navets, les fèves, les pois, à vingt-sept pouces de distance : deux oreilles, une de chaque côté du châssis, le rendent propre à cet emploi.

7°. *Id.* pour houer les turneps, les fèves, les pois en rayons, à vingt-sept pouces de distance.

Indépendamment des usages dont on vient

de parler, le même châssis peut recevoir des coutres et des socs de toute forme.

Il est inutile de rien dire de plus sur la construction des instrumens. Les descriptions que j'en ai données à la page 60 et suivantes, seront intelligibles pour tout charron et tout forgeron de village, et suffiront pour les mettre dans le cas de les exécuter. Quant au scarificateur et à la diminution du travail pour la préparation des terres, qui serait le résultat de sa substitution à la charrue, je crois devoir ajouter quelques observations à celles qu'on a déjà lues au quatrième chapitre.

Un écrivain français (1) a judicieusement observé que la charrue n'est pas l'instrument le plus approprié à l'usage que l'on veut en faire, parce que ce n'est pas celui qui divise le mieux la terre. La plus grande perfection qu'on pourrait lui donner, dit-il, serait de le rendre plus expéditif, et de lui faire produire des effets semblables à ceux de la bêche et de la houe.

La lenteur est, en effet, le défaut de toutes les charrues. Une charrue anglaise, qui ne prend que neuf pouces de largeur, doit parcourir au

____

(1) C'est ou M. *Yvart,* ou M. *Bosc,* dont l'auteur veut probablement parler.

moins douze milles et demi en labourant une acre, et lorsque quatre chevaux sont employés à la traîner, ils ont parcouru ensemble cinquante milles pour un seul labour, et par conséquent deux cents milles (1) pour les quatre qu'on est dans l'usage de donner ; encore cette acre reste-t-elle couverte de grosses mottes, qu'il faut écraser avec la herse et le rouleau, pour la disposer à recevoir la semence. Mais si, au lieu de la charrue, l'on a employé un scarificateur à un seul cheval, embrassant un espace de vingt-sept pouces, cette acre aura été mise dans le meilleur état pour recevoir la semence, avec moins de la huitième partie de la force qui a été employée dans la première opération.

Pour plus de clarté, je supposerai que six scarifications sont nécessaires pour compléter la pulvérisation, quoique cinq suffisent pour mes terres les plus fortes, ce sera le travail d'une journée de deux scarificateurs. Comme chaque cheval de scarificateur parcourt dans un jour la même distance que chacun des chevaux de la charrue, c'est-à-dire douze milles et demi, il est

---

(1) Un peu plus de quatre-vingt-deux lieues et demie françaises de deux milles toises, ou très-exactement 32,1868 myriamètres.

évident que les deux ensemble auront parcouru un espace de vingt-cinq milles pour pulvériser parfaitement une acre. Ce résultat, d'un huitième du travail que les animaux emploient pour labourer à la charrue, sera confirmé et rendu évident par le calcul suivant. En multipliant les quatre chevaux employés à la charrue par quatre journées de travail, le produit sera seize ; si, au contraire, l'on multiplie un cheval attelé au scarificateur par deux journées de travail, le produit sera deux, ou le huitième de seize.

En labourant une acre en jachère d'été, selon la pratique ordinaire, le travail manuel est celui d'un homme et d'un enfant pendant quatre jours : or, $2 \times 4 = 8$ jours de travail d'une seule personne. Pour scarifier une acre six fois et obtenir une pulvérisation parfaite, il faut le travail d'un homme et d'un enfant pendant deux jours ; $2 \times 2 = 4$ jours de travail d'une seule personne : ainsi, quoique, dans la nouvelle méthode de préparer la terre pour recevoir la semence, le travail des animaux soit diminué dans la proportion de huit à un, celui des hommes ne l'est que dans la proportion de deux à un.

Tout ce qui précède démontre l'immense utilité du scarificateur, et sa supériorité sur la charrue pour préparer la terre aux semailles.

Ce qui le rend surtout remarquable, c'est que ses effets sont les mêmes que ceux de la bêche et de la houe, et que, comme ces deux instrumens, il divise la terre en molécules très-fines.

Des Fours à argile.

Je pense que les faits consignés dans cet ouvrage ont suffisamment démontré que l'argile, les terres fortes et la marne calcinées forment un engrais économique et très-efficace, que l'on peut substituer avantageusement à la chaux et au fumier. Leur utilité était connue depuis long-temps, soit en Angleterre, soit en Écosse ; mais l'on en avait abandonné l'usage, parce que la manière de les calciner les rendait trop dispendieuses : il était donc très-important de chercher un mode de calcination plus économique.

La forme et la construction des fours dont je me sers pour calciner seront complétement comprises par les plan, coupe et élévation de la planche III. Le gril, formé d'ouvreaux qui amènent l'air chaud immédiatement sous l'argile, a été reconnu nécessaire pour les fours de grande dimension. Dans les petits fours, les ouvreaux latéraux ne sont pas indispensables ; une voûte à jour, construite, depuis le foyer jusqu'à l'autre extrémité du four, de même di-

mension que dans le plan, et communiquant avec
une cheminée au bout opposé à celui du foyer,
réussit très-bien pour des fours qui contiennent
de quatre-vingts à cent vingt charretées (1).

Le local doit être choisi aussi rapproché que
possible des matières que l'on se propose de
calciner. Que ces matières soient de l'argile, de
la terre compacte ou de la marne, il sera économique de les enlever par un labour, si cela est
possible; les mottes devront être fortes; on les
coupera à la bêche, puis elles seront transpor-
tées dans des charrettes ou des brouettes jusqu'auprès du four.

La position la plus convenable pour construire le four est une berge à pic dans la marne,
ou un terrain compacte, dans lequel le foyer
puisse être creusé très-bas; c'est un point important, car le four aura d'autant plus de capa-
cité qu'il sera creusé plus profondément.

L'emplacement du four étant déterminé, la
superficie du terrain sera aplanie ou nivelée,
et les dimensions de la partie supérieure du four

---

(1) Un four de la dimension de celui représenté *Pl.* 3
exige environ trois mille briques; on se sert d'un mortier
fait avec la terre. La dépense de bâtisse du fourneau et
des cheminées revient de dix à douze livres sterling.

seront soigneusement tracées. Le corps du four sera alors creusé; les parois latérales en pente graduée, comme le montrent les lignes ponctuées dans l'élévation de la façade du four.

Lorsque l'on aura creusé jusqu'au niveau du foyer, on aplanira la base du four, et on tracera, dessus, le foyer et le large carneau, depuis la façade jusqu'au fond du four, puis on creusera verticalement. Le carneau aura une pente de la cheminée au foyer, afin de faciliter l'écoulement de l'eau. Ses murs latéraux seront doublés de briques posées sur leur longueur; ils auront quatre pouces et demi(1) d'épaisseur, et formeront les pieds-droits ou supports de la voûte à jour. Celle-ci est faite de briques taillées en coupe, posées dans le même sens, ensorte que chaque arche ait neuf pouces de large, et les espaces vides entre elles quatre pouces et demi; dans la direction de ces intervalles, les carneaux latéraux sont construits sur la forme indiquée par le plan et l'élévation. Les dimensions de toutes les parties de ce four peuvent être mesurées à l'échelle du plan.

____

(1) Les briques anglaises ont quatre pouces et demi de large sur neuf pouces de long, et deux pouces et quart d'épaisseur.

La voûte, perforée à jour, doit avoir trois liens formés de briques dans les espaces vides sur trois rangées, l'une longitudinalement dans la ligne de la clef de la voûte, les deux autres parallèlement à égale distance, entre la première et la naissance de la voûte. Ces liens consolident toute la voûte, et la rendent capable de résister à la charge d'argile.

-. On porte l'argile dans le fourneau par larges pièces, entre lesquelles on laisse du vide pour faire circuler l'air chaud. Quand il y a une épaisseur de deux ou trois pieds d'argile, on peut alors verser simplement l'argile par-dessus; les grandes pièces sont mises ainsi les premières dans le four, et les petites par-dessus. Il vaut mieux que l'argile soit dans un état peu humide; si on la versait trop sèche, elle serait exposée à se durcir par la chaleur; dans l'état d'une humidité convenable, toute la masse devient en quelque sorte bouillie, et se calcine en une espèce de substance poreuse, qui se pulvérise par l'effet de l'exposition à l'air et à l'humidité. Une charretée d'argile, ou seize boisseaux, pèsent environ quinze cents livres; quand ils sont calcinés, ils ne pèsent plus que douze cents livres.

J'ai employé quelquefois, comme combustible, de larges racines à l'état brut, qui ne me coûtaient pas plus de quatre shillings la corde (le shilling de 24 sous); quelquefois des fagots de four à quatre shillings le cent. Avec ces derniers, j'ai fait une expérience dans un petit four (de 21 pieds sur 9) ayant une cheminée ouverte. Avec deux cent soixante-quinze fagots et une corde de racines, quatre-vingts charges de douze cents boisseaux furent complétement calcinées avec un combustible d'une valeur de treize shillings seulement, ou de moins de deux pences (20 centimes) par charge : toute la dépense, le labour non compris, fut de dix pences et demi par charge (1 fr. 5 c.).

Mais la méthode la moins dispendieuse de se procurer une abondante provision d'amendemens dans une ferme à terres fortes est d'écobuer. Je ne me suis pas encore aperçu que l'effet des cendres d'argile ou de marne soit supérieur à celui des cendres du sol même. Dans l'automne de 1818, j'ai fumé partie d'un champ de huit acres avec les résidus d'un sol fort, brûlé dans un four, et partie avec des résidus d'argile, dans la proportion de vingt charges par acre. Tout le champ fut ensemencé de blé avec le drill : la récolte fut excellente; on ne put voir de différence ni pendant la croissance, ni pendant la récolte. Cette expérience me détermina à écobuer une pâture de six acres et demie, usée et pleine de mousse. J'employai la charrue d'Écosse au lieu de celle de Denshiring, et j'enlevai trois pouces et demi de la surface du sol. Je travaillai alors les bandes en travers, de manière que les mottes de gazon avaient deux ou trois pieds de long. Quand elles furent sèches, je les fis brûler de différentes manières; quelques-unes en petits monceaux réussirent mal, parce que le gazon avait été mouillé. Des monceaux de quatre à cinq charretées furent allumés ; mais le feu ne fut pas assez actif pour les consumer : les monceaux formés autour de larges racines eurent le plus grand succès; enfin, il y en eut de cinquante-quatre pieds de long sur vingt de large qui furent bien supérieurs aux autres.

Voici comme on s'y prit pour former ces larges amas. Une quantité de fortes racines (45 pieds de long sur 12 de large) furent répandues sur la terre et enfermées dans une muraille de gazon de trois à quatre pieds de haut sur cinquante-quatre pieds de long et vingt de large. De chaque côté du tas, à la partie inférieure, près le sol, il y avait six ouvertures, de vingt pouces carrés, qui étaient remplies de fagots en communication avec les racines. Quand l'intérieur fut rempli de mottes de gazon, et l'amas élevé à la hauteur de huit pieds, les douze bouches de cette espèce de poêle furent allumées en même temps, et en moins de quarante-huit heures toute la masse, contenant quatre cents charretées, fut entièrement brûlée jusqu'à la partie supérieure. J'ai estimé que, par ce mode d'écobuage, une charge de seize boisseaux de cendres ne me revenait pas à plus de trois sous, et que ce champ de six acres et demie m'avait produit entre quatre à cinq mille charges, mille desquelles environ furent répandues sur les terres et les prairies du voisinage, et le reste laissé sur le champ pour avoir une récolte d'orge.

C'est par de tels moyens que plusieurs fermiers, en abandonnant d'anciens préjugés et la méthode dispendieuse des engrais, peuvent cultiver leurs terres à un prix bien moins élevé que s'ils envoyaient chercher de la chaux à plus de vingt milles de distance.

M. *Boys de Betshanger*, dans son *Compte rendu de la province de Kent*, a fait voir les avantages de l'écobuage d'une manière si remarquable, qu'il est réellement étonnant de trouver encore des adversaires de cette méthode qui pensent que brûler la surface doit à la fin détériorer le sol. En supposant même que cela dût arriver, on pourrait encore remédier à l'appauvrissement du sol, en appliquant sur chaque acre de terre vingt ou trente charges des cendres que l'on obtient des fours à argile.

FIN.

Imprimerie de Mme Huzard (née Vallat la Chapelle),
Rue de l'Eperon, n° 7.

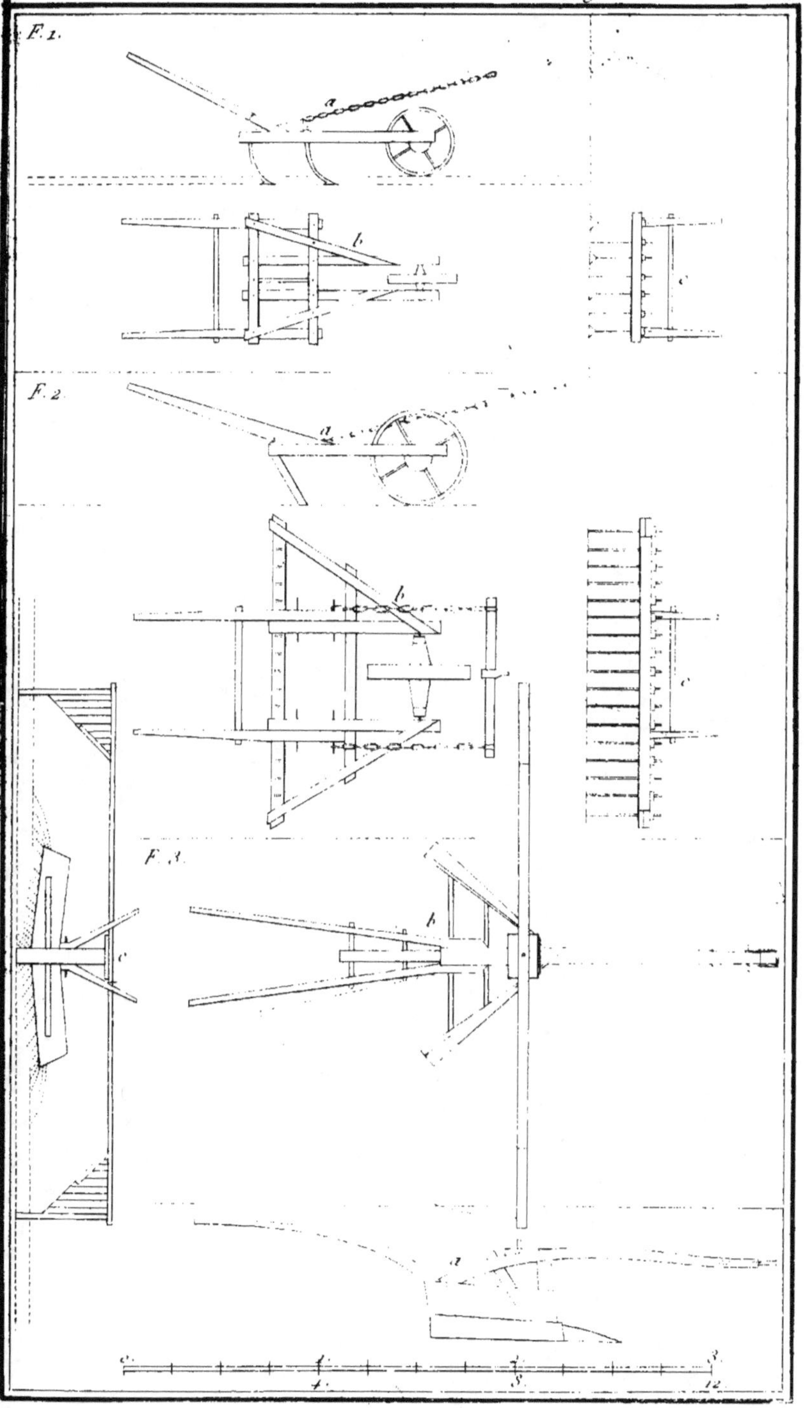

F. 1.
a
b
c
F. 2.
a
b
c
F. 3.
b
c
0 1 2 3
4 6 12

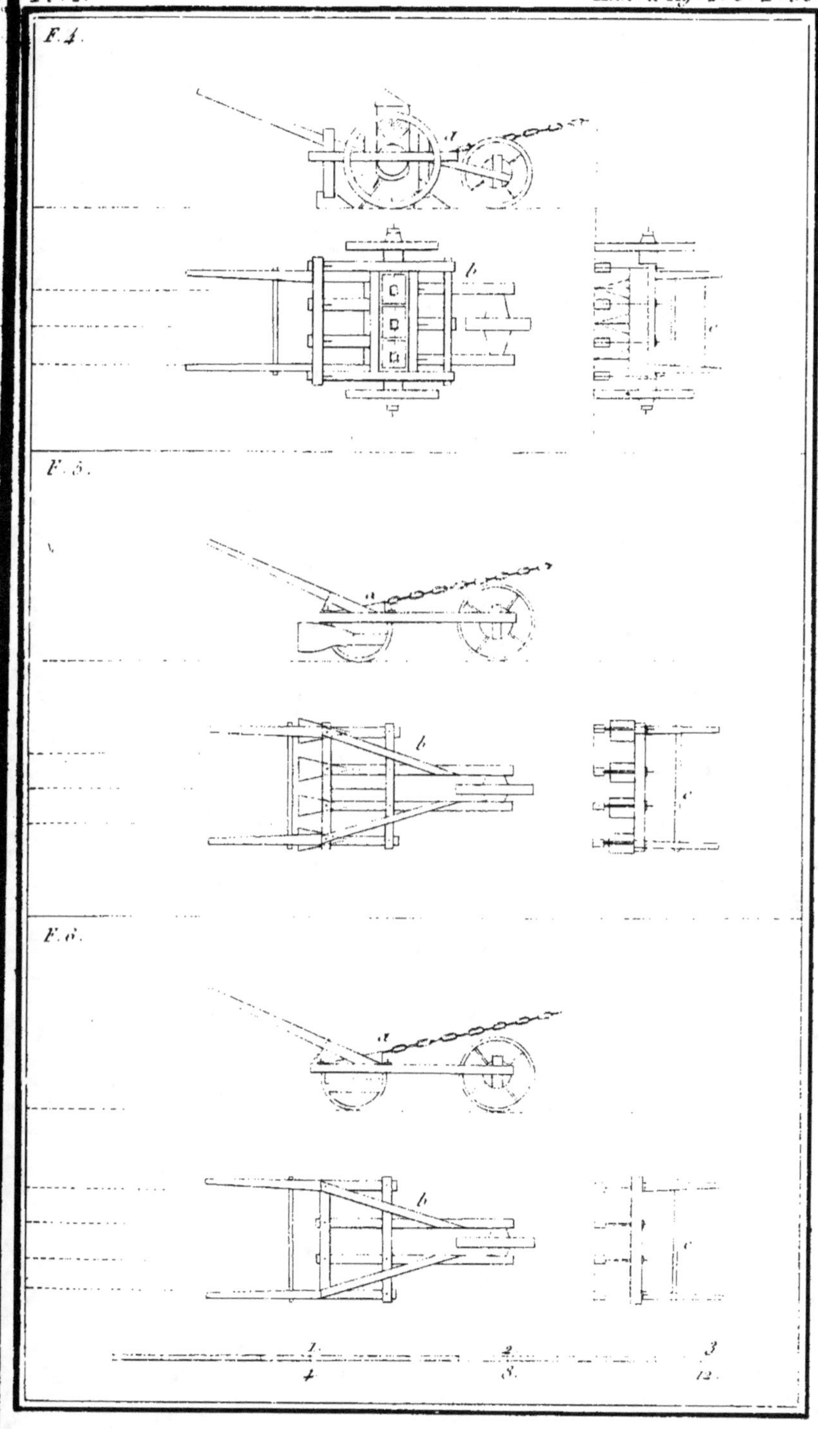
F. 4.
F. 5.
F. 6.
b
b
b
1
2
3
4
8
12

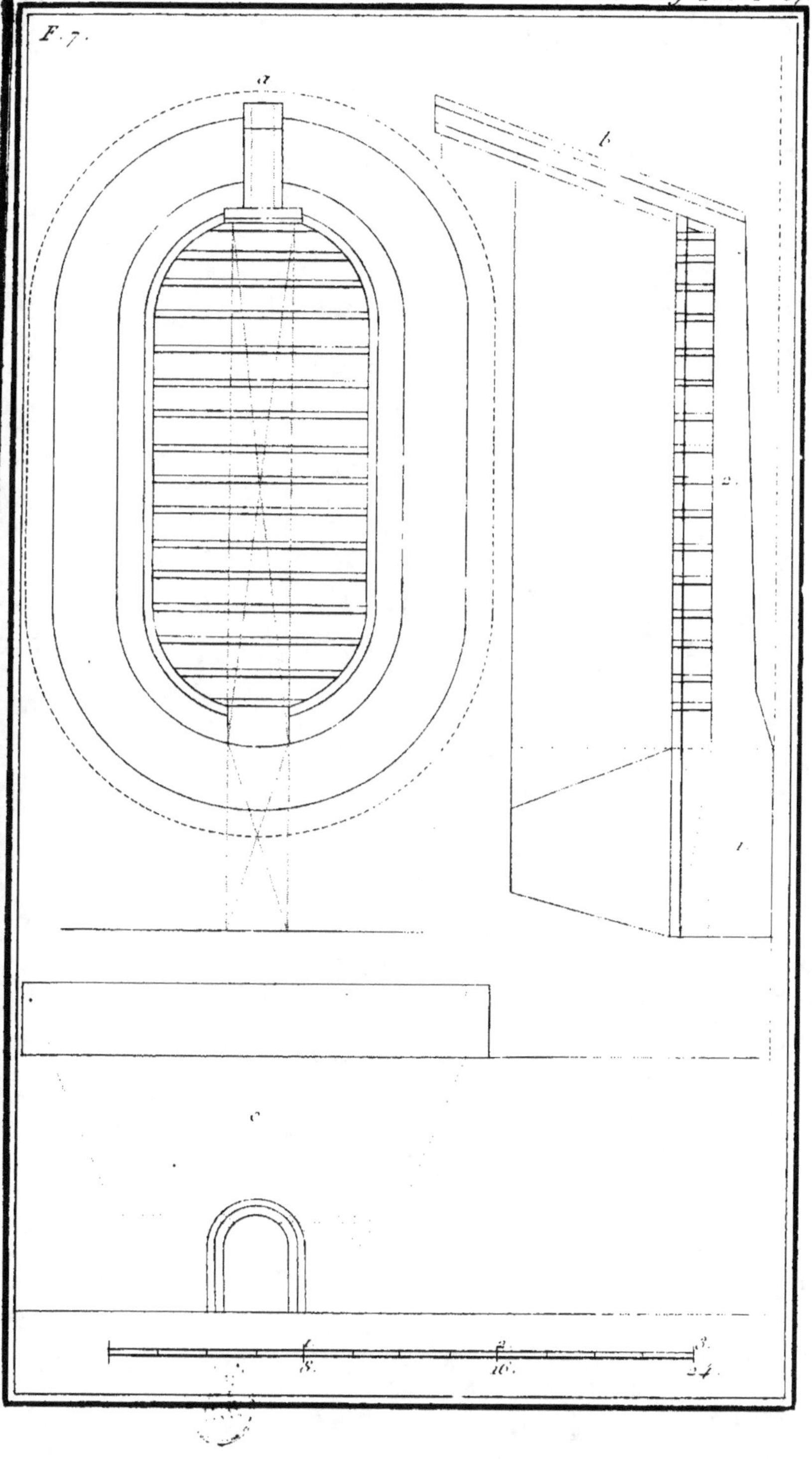

F. 7.